Ernest Naville

La logique de l'hypothèse

Elibron Classics
www.elibron.com

Elibron Classics series.

ISBN 0-543-76712-4 (paperback)
ISBN 0-543-76711-6 (hardcover)

This Elibron Classics Replica Edition is an unabridged facsimile of the edition published in 1895 by Félix Alcan, Paris.

LA
LOGIQUE DE L'HYPOTHÈSE

DU MÊME AUTEUR

La définition de la philosophie. 1 vol. in-8° de la *Bibliothèque de philosophie contemporaine.* 5 fr.

La physique moderne, 2e édition. 1 vol. in-8° de la *Bibliothèque de philosophie contemporaine.* 5 fr.

Œuvres inédites de Maine de Biran, publiées avec la collaboration de Marc Debrit. 3 vol. in-8°. 18 fr.

Maine de Biran, sa vie et ses pensées, 3e édition. 1 vol. in-12. 3 fr. 50

Le libre arbitre. 1 vol. in-8° (épuisé). 6 fr.

La science et le matérialisme. 1 vol. in-12. 1 fr.

Le témoignage du Christ et l'unité du monde chrétien. 1 vol. in-8°. 5 fr.

La logique de l'hypothèse, traduite en russe par Hippolyte Panaïeff. Saint-Pétersbourg 1882.

Coulommiers. — Imp. Paul BRODARD.

LA LOGIQUE

DE

L'HYPOTHÈSE

PAR

ERNEST NAVILLE

ASSOCIÉ ÉTRANGER DE L'INSTITUT DE FRANCE

DEUXIÈME ÉDITION

Augmentée d'une Préface nouvelle

PARIS

ANCIENNE LIBRAIRIE GERMER BAILLIÈRE ET Cie

FÉLIX ALCAN, ÉDITEUR

108, BOULEVARD SAINT-GERMAIN, 108

1895

PRÉFACE

DE LA DEUXIÈME ÉDITION

Dans la *Revue des Deux Mondes* du 15 septembre 1888, on trouve les lignes suivantes signées par M. Brunetière :

« C'était la mode en ce temps-là (celui des Encyclopédistes) parmi nos savants, que de proscrire l'hypothèse ; ils ne voulaient que des *expériences* et c'était pour nous faire croire que la science n'enregistrait que des certitudes. Mais on a reconnu depuis lors, ce qu'il eût été plus simple et plus franc de ne jamais nier, que, sans une hypothèse qui la suggère, il n'y a pas d'expérience possible ; et quand l'expérience est faite, on a également reconnu qu'elle n'avait de signification, de sens et de portée qu'autant qu'elle concourait à vérifier ou à détruire quelque hypothèse antérieure. »

Voilà l'expression d'une vérité fort importante qui ne sera plus l'objet d'aucune négation sérieuse. Les logiciens suivront désormais le bon exemple donné par M. Rabier qui, ayant reconnu que « l'hypothèse est le premier et le plus *essentiel* facteur de la science [1] », ne se borne pas, comme on l'avait fait si souvent, à

1. *Leçons de philosophie. Logique.* Paris, Hachette, 1886, p. 233. C'est l'auteur qui a souligné le mot essentiel.

en dire quelques mots en passant, mais lui consacre deux chapitres de son ouvrage.

Il est si évident qu'une loi de physique, de biologie ou d'histoire n'est ni le résultat de la simple observation, ni une donnée *a priori*, que la nécessité de l'hypothèse dans les sciences de faits est très facile à démontrer. Il faut un peu plus d'attention pour constater son emploi dans les sciences rationnelles. Le chapitre de mon livre relatif aux mathématiques est court et insuffisant. Cette insuffisance a eu un résultat avantageux en incitant à examiner et à compléter mon exposition, mieux que je n'aurais pu le faire moi-même, un homme dont la compétence en de telles matières dépasse de beaucoup la mienne.

J'avais dit, dans un enseignement oral, ce que j'ai répété par écrit, que les vérités mathématiques ont toujours au début le caractère de simples suppositions. Un de mes auditeurs m'a fait remarquer qu'il n'en est pas toujours ainsi parce qu'un théorème peut se trouver établi par la solution d'un problème qui renferme à la fois et ce théorème et sa démonstration. J'ai répondu que, même dans ce cas, l'hypothèse n'est pas tout à fait absente parce qu'elle est intervenue dans le choix des procédés employés pour la solution du problème. M. Georges Lechalas a entrepris l'étude de la question d'une manière plus générale, et en a fait l'objet d'un important mémoire publié dans *la Critique philosophique* [1].

Il distingue : les hypothèses portant directement sur des théorèmes, les hypothèses relatives au mode des démonstrations, des hypothèses d'une nature particulière qui se trouvent engagées dans les démonstrations par l'absurde, et signale enfin des cas où une *intuition* spontanée fournit une certitude immédiate qui tient lieu de démonstration.

Après avoir établi ces distinctions, l'auteur passe en revue la géométrie élémentaire, l'arithmétique, l'algèbre, la géométrie analytique et cherche, dans ces divers rameaux de la science, la part de la déduction et celle de l'hypothèse. Il arrive à ces conclusions :

Dans la géométrie la part de l'hypothèse est prépondérante. Dans l'arithmétique la spontanéité de la pensée a une part considérable, mais non exclusive.

On trouve à la base de l'algèbre des hypothèses fondamentales; mais la science étant constituée permet, par le moyen des équations, de résoudre de nombreux problèmes sans hypothèses nouvelles par voie de simple déduction. Il en est de même pour la géométrie analytique. L'intervention de la puissance spontanée de l'esprit est manifeste dans la grande découverte de Descartes, qui est une idée originale, et non une vérité se déduisant de vérités antécédentes. Mais, de même que pour l'algèbre, la science, une fois établie, a permis et permet la découverte de nombreuses vérités par simple déduction et avec l'intervention sinon nulle, du moins faible, de suppositions nouvelles.

Telles sont les conclusions du travail de M. Lechalas, auquel je renvoie, comme à un supplément utile de mon volume, les lecteurs capables d'apprécier les études de cette nature.

Je profiterai de l'occasion pour indiquer, dans la carrière de Gauss, un fait qui rappelle les émotions éprouvées par Kepler et Newton lors de leurs grandes découvertes.

Dans une lettre à Olbers, du 3 septembre 1805, il parle de l'impuissance où il s'était trouvé de fournir la démonstration d'un important théorème d'arithmétique supérieure et il ajoute : « Ce défaut m'a gâté tout ce que j'ai découvert et, depuis quatre ans, il n'est guère de semaine, surtout dans ces derniers temps, où je n'aie fait quelque vaine tentative pour résoudre cette difficulté. Mais toutes mes méditations et mes recherches furent inutiles et, chaque fois, je dus tristement déposer la plume. Enfin, il y a deux jours, j'ai réussi, non par suite de mes pénibles efforts, mais pour ainsi dire uniquement par la grâce de Dieu. Comme l'éclair qui survient soudain, l'énigme s'est trouvée résolue. Moi-même je ne serais pas en état d'indiquer le fil conducteur qui relie ce que je savais antérieurement, mes essais précédents, à ce qui m'a fait réussir. Il est assez étrange que la solution de l'énigme paraisse maintenant plus facile que maintes choses qui ne m'ont pas arrêté autant de jours que cette question m'a arrêté d'années, et certainement, si je l'expose un jour, personne ne devinera quel embarras elle m'a causé [1]. »

Tous ceux qui connaissent la réputation de Gauss sentiront qu'il y a, dans ces lignes, pour le rôle de l'hypothèse, ou de la spontanéité de la pensée individuelle en mathématiques, un témoignage de haute valeur.

Les déclarations de savants modernes qui ont réclamé contre la proscription de l'hypothèse se trouvent indiquées soit dans l'avant-propos qui suit cette préface, soit dans les réponses à des questions qui m'avaient été posées. J'en ai trouvé d'autres par mes recherches personnelles et par des communications qui m'ont été adressées; je tiens à en indiquer au moins quelques-unes.

Au milieu du siècle dernier, Reid formulait cette

affirmation étrange qui se trouve contredite par l'histoire entière de la science : « Toujours les découvertes ont démenti, jamais elles n'ont justifié les théories et les hypothèses que des esprits subtils avaient imaginées. » C'était le temps où le *décri* de l'hypothèse était à son apogée. A cette même époque, Charles Bonnet écrivait : « Bannir entièrement de la physique l'art de conjecturer, ce serait nous réduire aux pures observations; et à quoi nous serviraient les observations, si nous n'en tirions pas la moindre conséquence? Nous amasserions sans cesse des matériaux pour ne bâtir jamais. » Et il développait sa pensée dans un paragraphe portant ce titre significatif : *Vaines déclamations contre l'usage des conjectures* [1]. De Saussure, dans son cours de philosophie à l'Académie de Genève, s'aidant certainement des travaux de Charles Bonnet, son oncle, et peut-être aussi de ceux de son compatriote Le Sage, indiquait l'hypothèse comme étant, après l'observation, l'expérience et l'induction, le quatrième des facteurs de la science [2].

Auguste Comte voulait réduire la science à la simple coordination des faits; mais ce grand chef de l'empirisme contemporain a parfois des pensées qui rompent les cadres étroits de sa doctrine; il écrit : « En quelque ordre de phénomènes que ce puisse être, même envers les plus simples, aucune véritable observation n'est possible qu'autant qu'elle est primitivement dirigée et finalement interprétée par une théorie quelconque.... Il est désormais évident, du point de vue vraiment scientifique, que toute observation isolée, entièrement empirique, est essentiellement oiseuse, et même radi-

1. Tableau des considérations sur les corps organisés, en tête de la *Palingénésie*, § 2 et 4.

2. *Mémoire sur la philosophie d'H.-B. de Saussure*, tome CXIX des *Séances et travaux de l'Académie des sciences morales et politiques.*

calement incertaine ; la science ne saurait employer que celles qui se rattachent au moins hypothétiquement à une loi quelconque [1]. »

Rosmini n'a pas fait de l'hypothèse l'objet d'une monographie, mais un esprit d'une si haute valeur ne pouvait pas parcourir le champ des études philosophiques sans rencontrer la question de la méthode et des origines du savoir humain. Il l'a rencontrée, il l'a abordée ; et, soit dans sa *Psychologie*, soit dans sa *Logique*, il a signalé le rôle que joue l'hypothèse dans les expériences et les découvertes scientifiques.

Thomas Buckle, dans son *Histoire de la civilisation en Angleterre*, émet souvent la pensée que l'observation seule est impuissante pour produire des découvertes, et cite des faits importants à l'appui de son affirmation [2].

Bordas Desmoulin, dans son livre sur le Cartésianisme, écrivait : « Le haut génie, créateur ou rénovateur des connaissances, a toujours éclaté par la féconde audace des hypothèses. Le propre du génie, c'est de découvrir, et il ne découvre rien d'essentiel dans la nature qui ne soit le fruit de l'hypothèse, ni dans aucune science, qui ne soit le fruit du génie hypothétique. L'hypothèse, j'entends celle qui porte dans son sein de puissantes vérités, l'hypothèse n'est que l'élan du génie vers les principes [3]. »

M. Caro, à l'occasion des travaux de Claude Bernard, a traité explicitement de l'intervention de l'hypothèse dans la construction de la science ; il a signalé ces idées directrices qui ont un caractère *a priori* quant à l'observation, mais qui se distinguent nettement

1. *Cours de philosophie positive*, t. IV, p. 418.
2. Voir, par exemple, dans le tome 5 de la traduction Baillat, les pages 202, 233, 240, 242, 266.
3. *Le Cartésianisme*, t. II, p. 351.

d'un *a priori* rationnel parce qu'elles demeurent soumises au contrôle de l'expérience et n'ont de valeur que par le résultat de ce contrôle [1]. Je lui avais promis de signaler le fait si mon livre avait une deuxième édition, et son départ de ce monde ne me dispense pas, et bien au contraire, de tenir ma promesse.

Il serait facile, mais superflu, de multiplier ces indications. Bien qu'il reste quelques partisans du rationalisme et des partisans plus nombreux de l'empirisme, il se forme dans les domaines de la science et de la philosophie un courant d'opinion toujours plus prononcé qui triomphera définitivement de ces deux erreurs et ne permettra plus de méconnaître que, dans tous les ordres de recherches, la méthode scientifique se compose de ces trois actes de la pensée : Observer — Supposer — Vérifier. Cette affirmation résume tout le contenu du volume que le lecteur a dans les mains.

Je n'ai point, je le répète, la prétention d'avoir émis une vérité nouvelle, mais je crois avoir réclamé une place nouvelle pour la vérité, en demandant qu'on ne se borne pas à admettre l'utilité de l'hypothèse dans des circonstances spéciales, mais qu'on la considère comme un des facteurs essentiels de la science, à titre égal avec l'observation et le raisonnement.

1. *Le Matérialisme et la science*, p. 23 et suivantes.

Genève, le 30 mai 1894.

ERNEST NAVILLE.

AVANT-PROPOS

DE LA PREMIÈRE ÉDITION

Ce court volume est le produit d'un long travail. En étudiant, en 1844, la philosophie de Bacon, je remarquai que, dans l'opinion de cet écrivain célèbre, de bonnes règles pour les expériences rendraient les individus à peu près égaux sous le rapport de l'aptitude aux découvertes scientifiques. J'observai, à la même époque, que Descartes semblait admettre que l'emploi de certains procédés de raisonnement suffit pour faire des progrès dans la recherche de la vérité. Il me paraissait pourtant certain que nombre d'hommes pourraient observer toute leur vie sans faire aucune découverte, ou raisonner indéfiniment sans produire autre chose que des chimères. L'observation et le raisonnement sont bien les conditions indispensables d'une découverte, mais la découverte en elle-même offre un caractère spontané et commence toujours sous la forme d'une supposition. Bacon et Descartes, si opposés d'ailleurs sur la question de la méthode, me parurent donc se réunir dans une commune erreur : ils ont méconnu, l'un et l'autre, la place de l'hypothèse dans la science. Cette pensée, consignée dans un écrit spécial sur Bacon [1], traversa mon esprit comme une simple lueur.

1. Mémoire sur le livre du chancelier Bacon *De dignitate et augmentis scientiarum*. Genève, 1844.

Vingt années plus tard, en 1864, la question de la méthode se posa de nouveau pour moi, à l'occasion de recherches métaphysiques. Mes vues à ce sujet, devenues plus claires et plus développées, furent soumises à l'appréciation des auditeurs d'un de mes cours publics; j'affirmai que, dans les logiques ordinaires et dans la plupart des traités de la méthode, on oublie le principe véritablement actif des progrès de la science; et j'eus le sentiment d'avoir fait une découverte.

En poursuivant mon étude, je constatai qu'un certain nombre de savants contemporains : Claude Bernard, Liebig, Chevreul, Whewell, avaient rencontré et exprimé la pensée qui s'était trouvée sur mon chemin, et que, longtemps avant eux, Galilée avait explicitement reconnu la place de l'hypothèse dans la science. Ma découverte avait donc été faite en Italie, il y a plus de deux siècles, et refaite de nos jours, en France, en Allemagne et en Angleterre; il n'y avait dès lors nul moyen de prétendre à un brevet d'invention, et je n'avais, semble-t-il, qu'à me taire ou à répéter ce que d'autres avaient dit.

Mais, en continuant mes recherches et mes réflexions, il me parut qu'on avait bien signalé la présence de l'hypothèse dans les constructions scientifiques, mais que personne n'avait signalé la portée générale de ce fait et indiqué ses conséquences. Affirmer la présence de l'hypothèse dans tous les éléments de la science sans exception me semblait, et me semble encore aujourd'hui, une thèse nouvelle. Cette thèse, en la supposant vraie, est de nature à modifier profondément la théorie de la méthode, et, par la théorie de la méthode, tout l'ensemble des conceptions philosophiques. J'exprimai ma pensée à cet égard dans un cours de philosophie générale, fait à la Faculté des lettres de Genève, dans l'hiver de 1866 à 1867.

Puis, séparant l'affirmation relative à l'hypothèse de l'ensemble d'une exposition philosophique, j'ai sollicité, en 1874, l'honneur de développer cette affirmation dans des séances spéciales, sous les auspices de la Société des arts de Genève; j'espérais compter des maîtres au nombre de mes auditeurs et recevoir leurs observations; cet espoir n'a pas été déçu.

Le résultat de ce dernier travail a été publié en grande partie dans la *Revue philosophique* (juillet 1876 à septembre 1877); et cette publication m'a valu quelques communications utiles que j'ai mises à profit pour la rédaction définitive des pages que je soumets maintenant à l'appréciation du lecteur.

On se méprendrait gravement sur la nature de mon travail si l'on pensait qu'il doive avoir pour effet de réhabiliter pratiquement l'hypothèse et d'encourager son emploi. Il est impossible d'augmenter l'emploi d'un procédé de la pensée toujours et nécessairement en exercice. Marquer la place de l'hypothèse, c'est donner aux savants la conscience claire de la méthode qu'ils emploient, et les rendre par là même attentifs à ses abus. Dans la vie morale, une passion est d'autant plus dangereuse qu'elle est ignorée; la mettre en évidence, c'est engager à en surveiller les effets. De même, signaler l'action toujours présente de la faculté de supposer, c'est appeler l'attention sur la nécessité de surveiller cette action, pour la maintenir dans ses justes limites. Cette étude est particulièrement opportune dans la disposition actuelle des esprits. Après les synthèses brillantes et prématurées de la physique cartésienne, les sciences de la nature ont pris une marche plus analytique et se sont préoccupées surtout de constater et de distinguer les phénomènes. De cette tendance poussée à l'excès sont nées la théorie de la multiplicité des fluides en physique, et la multiplication indéfinie des espèces en histoire naturelle. Par une réaction légitime dans son principe, mais excessive dans son développement, nombre de savants contemporains entrent de nouveau dans la voie où l'on rencontre les systèmes grandioses et prématurés. Le caractère spécial de ce mouvement de la pensée est que l'esprit systématique se présente sous la fausse apparence de l'empirisme. On ne prend plus, comme Descartes, de simples hypothèses pour des déductions *a priori;* on prend de simples hypothèses pour des inductions solides, pour des théories définitivement établies. Plusieurs se persuadent n'avoir pas quitté le sol ferme de l'expérience, tandis qu'ils voguent à pleines voiles sur la mer sans rives des conjectures. Il importe de rappeler à ces hardis navigateurs que, si les voiles ou la vapeur sont indispensables à la marche d'un navire, le lest et le gouvernail ne sont pas moins nécessaires. La logique de l'hypothèse empêche d'oublier que nos idées scientifiques ne sont jamais dans l'origine que des suppositions, et n'ont d'autre valeur que celle qu'elles tirent de leur confirmation expérimentale. La leçon que donne cette logique est avant tout une leçon de prudence.

LA
LOGIQUE DE L'HYPOTHÈSE

PREMIÈRE PARTIE

PLACE DE L'HYPOTHÈSE DANS LA SCIENCE

Le terme scientifique *hypothèse*, employé dans un sens large, a la même signification que les mots usuels *supposition* et *conjecture*. Ce terme désigne le résultat d'une opération intellectuelle qui s'accomplit à chaque instant. Toutes les fois qu'on cherche à expliquer un fait, la recherche est provoquée par l'observation, le raisonnemen intervient dans l'explication, mais le principe de l'explication doit toujours être supposé. Je remarque, de ma fenêtre, l'arbre d'une promenade publique couché sur le sol, et la disposition de cet arbre est telle que je vois seulement sa partie supérieure. Le tronc est hors de ma vue, ce qui m'empêche de constater directement la cause de sa rupture. Pourquoi cet arbre est-il abattu ? A-t-il été brisé par l'orage ? A-t-il été coupé par ordre de l'administration ? De la place où je me trouve, l'observation est impuissante à résoudre la question ; le raisonnement est impuissant aussi. Il me faut supposer une cause; et, cette cause ayant été supposée, je puis vérifier mon hypothèse en me rendant sur les lieux et en prenant des renseignements. Nous avons ici, dans un exemple simple, trois opérations de la pensée qui se retrouvent dans la solution de toute question scientifique : observer, supposer, vérifier.

Les actes intellectuels sont les mêmes, soit qu'il s'agisse de découvertes théoriques, soit qu'il s'agisse de découvertes pratiques. Prenons pour exemple, dans l'ordre pratique, la greffe chirurgicale, à laquelle le docteur Reverdin a attaché son nom. On a remarqué la manière dont l'épiderme se reforme sur une plaie, et le rôle que jouent les îlots de peau qui se trouvent parfois sur la plaie dénudée; c'est l'observation. On a soupçonné qu'un fragment d'épiderme artificiellement placé sur la plaie y reprendrait vie et activerait la guérison; c'est la supposition. On a fait l'expérience, et, dans des conditions que la pratique a révélées, l'expérience a réussi; c'est la vérification.

CHAPITRE PREMIER

VUE GÉNÉRALE DE LA MÉTHODE

Les brèves considérations qui précèdent établissent que la méthode renferme trois éléments qui vont fixer successivement notre attention.

1° Observation.

L'observation est le résultat de l'activité volontaire de l'esprit, c'est-à-dire de l'attention accordée aux phénomènes perçus. Dans l'observation, l'esprit ne crée rien, il constate. Il est passif quant à l'objet de sa pensée, mais il déploie sa propre activité pour le percevoir. Cette activité est nécessaire pour que les impressions sensibles deviennent des éléments de science. Pour observer, il ne suffit pas de voir, il faut regarder ; il ne suffit pas d'entendre, il faut écouter.

L'observation est externe ou sensible, si elle porte sur les phénomènes de la matière ; elle est interne ou psychique, si elle porte sur les phénomènes de l'âme. Il existe enfin une observation qu'on peut nommer rationnelle :

celle des idées et des jugements qui ont pour notre intelligence un caractère de nécessité. Ces éléments intellectuels se distinguent profondément des faits ; mais leur présence dans notre esprit est un fait qui s'impose à nous avec une autorité égale à celle des perceptions externes ou internes. L'existence d'un corps que je touche, la réalité d'un sentiment que j'éprouve et un axiome mathématique sont des objets de certitude dont la nature diffère, mais leur degré de certitude est le même, et cette certitude est, dans les trois cas également, le résultat d'une observation immédiate.

A nos observations personnelles, qui sont relativement en petit nombre, se joignent les observations d'autrui, que nous recevons sur la foi du témoignage [1].

Il convient enfin de distinguer l'observation simple, ou la constatation des faits tels qu'ils se produisent naturellement, et l'expérimentation dans laquelle l'observateur apporte une modification intentionnelle dans la marche des phénomènes. Le naturaliste qui regarde le mouvement d'une fourmilière observe ; celui qui introduit un corps étranger dans la fourmilière pour voir le résultat de son acte expérimente.

Notons en passant que le mot *expérience* a deux significations. Dans son sens spécial, il désigne l'observation activée par une intervention volontaire ; dans son sens général, il désigne tout l'ensemble des données de fait obtenues par la perception.

1. Voir dans le *Compte rendu de l'Académie des sciences morales et politiques*, tome XCIX (avril 1873), un Mémoire sur le fondement logique de la certitude du témoignage.

Dès que l'observation revêt un caractère scientifique, elle est inséparable de l'induction. L'induction, qu'il faut soigneusement distinguer d'une simple analogie, est le procédé de la pensée qui étudie dans un cas particulier un phénomène conçu comme général. Ce procédé de la pensée est la base indispensable de la science. Si l'on ne pouvait formuler des théorèmes que sur un seul triangle, il n'y aurait pas de géométrie. Si les affirmations du chimiste ne pouvaient concerner légitimement qu'une seule molécule de soufre, d'oxygène ou de carbone, il n'y aurait pas de chimie. Si l'on ne pouvait affirmer la succession d'un fait à un autre fait que dans un cas particulier, il n'y aurait pas de physique. Si le savant ne pouvait émettre aucune thèse applicable à des espèces, et devait considérer isolément chaque individu végétal ou animal, l'histoire naturelle serait à jamais impossible. Toute observation scientifique suppose la constance des classes et des lois de la nature, ce qui permet d'étudier dans un seul fait tout un ensemble de faits supposés identiques à celui qui fait l'objet direct de l'observation. Aristote le remarquait déjà : « Il n'y a pas de science du particulier. » La constatation des faits, qui est la base première de toute science, suppose donc indivisiblement l'observation qui perçoit un phénomène et l'induction qui le généralise. L'induction, opération transcendante de la pensée, est la part toujours présente de la raison dans les données expérimentales.

2° Vérification.

La vérification établit seule la valeur des hypothèses, car l'esprit humain peut se livrer à une foule de conjectures sans fondement. Les hypothèses peuvent devenir, selon le résultat du contrôle auquel elles sont soumises, des vérités certaines, des erreurs certaines, des affirmations probables à divers degrés. Ici intervient une différence essentielle entre les sciences mathématiques, dont le caractère est spécialement rationnel, et les sciences physiques et naturelles, dont le caractère est expérimental. La différence ne naît pas de la méthode, qui reste la même dans ses trois procédés essentiels : observer, supposer, vérifier; elle naît de la nature de l'observation et du procédé de vérification. L'égalité des trois angles d'un triangle à deux droits n'a pu être qu'une hypothèse dans l'esprit du premier géomètre qui a fait cette découverte. La supposition a été logiquement rattachée aux axiomes et aux théorèmes antérieurs, c'est-à-dire que la supposition s'est trouvée conforme aux résultats d'une déduction certaine. Dès lors, le théorème a pris rang dans la science à titre de vérité. Les mathématiques ont toujours ce caractère. La vérification des hypothèses consiste dans une démonstration immédiate et complète qui donne aux propositions démontrées le caractère de vérités nécessaires pour notre pensée. Quand on m'a prouvé que les trois angles d'un triangle sont égaux à deux droits, je ne suis pas seulement certain que la chose est ainsi, dans le sens où je suis certain d'un fait, mais il m'est impossible de concevoir qu'il en soit autrement, puisque la démonstration remonte aux axiomes, par le moyen des lois essentielles de l'intelligence. La vérification d'une hypothèse physique se présente dans d'autres conditions. Une loi étant supposée, on ne la rattache pas, par une marche ascendante de la pensée, à des vérités antérieurement établies ; on en déduit les conséquences. Ces conséquences sont comparées aux données de l'observation, au résultat des expériences tentées ; et l'hypothèse a une valeur déterminée uniquement par le degré d'explication des phénomènes qu'elle fournit. Par exemple, la loi de la réflexion de la lumière étant supposée, elle est démontrée vraie, parce que l'observation établit que l'angle de réflexion est égal à l'angle d'incidence. Pour une loi simple comme celle-là, la confirmation est immédiate et complète. Dans d'autres cas, l'hypothèse donne lieu à une déduction plus ou moins compliquée. L'ensemble de ses conséquences constitue un *système*. Ce système doit être comparé avec les faits, et, s'il s'y trouve conforme, il prend rang dans la science à titre de *théorie* [1]

Les lois expérimentales ont un degré de précision plus ou moins grand. La loi de la gravitation rend compte des phénomènes avec une exactitude complète. Les calculs fondés sur l'idée que les corps sont portés les uns vers les autres en raison directe de leur masse et en raison inverse du carré des distances, donnent des résultats absolument conformes à l'observation des astres. La loi de Boyle et de Mariotte affirmant « qu'à égalité de température la force élastique d'un gaz varie en raison inverse du volume qu'il occupe » ne se présente pas dans les mêmes conditions. Elle peut être regardée comme exacte sans qu'il en résulte d'erreurs appréciables dans les applications à la mécanique pratique [2] ; mais les expériences

1. Claude Bernard, *Introduction à l'étude de la médecine expérimentale.*
2. Delaunay, *Cours élémentaire de mécanique.*

précises de M. Regnault ont démontré que son exactitude n'est pas absolue.

Il résulte aussi du mode de formation des théories expérimentales, qu'elles passent par des degrés divers de probabilité, ce qui n'a pas lieu pour les théories purement rationnelles, dont les mathématiques offrent le type le plus connu. La probabilité résulte des explications fournies; et le degré de ces explications est un élément variable. Lorsque Schwann conçut la pensée que tous les organes des corps vivants sont composés d'un élément unique, diversement transformé, la cellule, cette pensée était une simple conjecture. L'étude attentive des faits et les progrès de l'observation microscopique ont donné à cette conjecture une probabilité croissante. La plupart des naturalistes contemporains considèrent comme une thèse démontrée que « tous les organes, tous les tissus sont composés de cellules modifiées ou métamorphosées de diverses manières [1], » en sorte que la cellule peut être désignée, à juste titre, comme « l'élément organisé [2]. »

Lorsqu'une hypothèse expérimentale est vérifiée par la conformité de ses conséquences avec les faits, elle est tenue pour vraie; mais elle n'est pas expliquée, en ce sens qu'elle soit rattachée à des vérités antécédentes dont on puisse la déduire logiquement. La science fait un pas de plus, lorsque, après avoir vérifié une hypothèse, elle peut la rattacher par le lien du raisonnement à des vérités antérieurement établies. J'ouvre par exemple un traité de

1. Girard, *Principes de biologie*. Paris, 1872, p. 17.
2. Claude Bernard, dans la *Revue scientifique* du 26 septembre 1874, . 289.

physique, et j'y trouve l'énoncé de cette loi : « L'intensité du son est en raison inverse du carré de la distance du corps sonore à l'organe auditif. » Cette loi peut se démontrer expérimentalement. On place quatre timbres parfaitement semblables à une distance de 20 mètres de l'oreille, et un seul à la distance de 10 mètres, et on constate que le timbre placé à la distance de 10 mètres, frappé seul, rend un son de même intensité que les quatre autres frappés simultanément : voilà la vérification expérimentale de la loi. On peut aussi établir cette loi par le calcul, en partant des données générales de l'acoustique. La loi alors n'est pas simplement vérifiée, elle est expliquée. On n'a pas seulement établi qu'elle est, on a montré sa raison d'être. Il semble que, dans ce cas, la physique suive une marche analogue à celle des mathématiques, mais il n'y a de véritablement semblable que le procédé du raisonnement; le point de départ n'est jamais le même. La plus haute espérance que puissent concevoir les sciences physiques est d'arriver à une conception de l'état primitif de la matière et d'en déduire l'ensemble des phénomènes actuels, en généralisant l'hypothèse astronomique de la nébuleuse, hypothèse formulée par Kant et par Laplace, à la suite d'une indication de Descartes. La science totale du monde matériel revêtirait alors la forme déductive; mais, dans le point de départ, on trouverait toujours la place des éléments de la nébuleuse, leurs mouvements initiaux et les lois de la communication du mouvement. Or ces points de départ ne sont nullement des données *à priori;* ce sont des hypothèses qui ne sauraient être justifiées que par l'explication des phénomènes. Confondre ces hypothèses avec les éléments immédiats de la raison, tels que les axiomes mathématiques, serait une méprise grave. Les affirmations des sciences rationnelles ont, pour notre pensée, le caractère de la nécessité; les sciences expérimentales ne peuvent jamais sortir du domaine de la contingence. Il y a là une ligne de démarcation qu'un esprit attentif ne franchira jamais.

La distinction généralement admise des sciences expérimentales et des sciences rationnelles est donc une distinction solide, qui résulte de la nature des objets observés et du mode de vérification des hypothèses; mais la méthode dans son ensemble demeure toujours la même dans ses trois éléments : observer, supposer, vérifier. C'est la méthode générale qui se retrouve, avec les différences naissant de la diversité de ses objets d'application, dans toutes les méthodes spéciales. L'observation scientifique est inséparable de l'induction. La déduction est un élément essentiel de la vérification. L'acte de supposer est une anticipation de la pensée, sans laquelle la science resterait à jamais stationnaire ; et cette anticipation est le produit d'une spontanéité individuelle.

3° Supposition.

L'hypothèse s'offre parfois comme une simple lueur dont la clarté augmente peu à peu. Newton disait, en parlant de ses propres découvertes : « L'objet, éclairé vaguement comme d'un jour crépusculaire, s'illuminait peu à peu, jusqu'à briller enfin d'une vive lumière [1]. » Parfois aussi, l'hypothèse apparaît comme une clarté subite. On raconte qu'Archimède trouvant, pendant qu'il était au bain, la solution longtemps cherchée d'un problème, se mit, sans prendre le temps de se vêtir, à parcourir les rues de Syracuse en criant : « J'ai trouvé ! » Cette anecdote montre en action, si le fait est vrai, ou symbolise fort bien, si le récit est imaginaire, les illuminations soudaines de la pensée. Une découverte cause une joie instantanée et imprévue très différente de la satisfaction réfléchie et prévue que cause l'achèvement d'un travail régulièrement terminé. Je connais un esprit inventif qui a fait, sur une question importante de physiologie, une hypothèse dont je ne connais pas la valeur, mais dont la valeur est très grande si la découverte est réelle, et qui peut indiquer le lieu exact et le moment précis où une idée nouvelle traversa son esprit comme un éclair.

Dans tous les cas, quelle que soit la forme sous laquelle elle se présente, quels que soient son degré de précision et son degré de certitude, l'hypothèse est le facteur indispensable de la science. Que possédons-nous, en effet, comme données immédiates, comme éléments primitifs de notre savoir ? La perception sensible, c'est-à-dire la connaissance des phénomènes matériels, la perception psychique, c'est-à-dire la connaissance immédiate des faits spirituels dont notre âme est le théâtre, les axiomes et les lois du raisonnement, enfin la tendance à chercher des classes, des lois, des causes et des buts, c'est-à-dire les postulats de la science. La perception, tant interne qu'externe, nous livre les faits sans aucun élément d'explication. Les axiomes, les lois du raisonnement et les tendances natives de l'intelligence sont les principes régulateurs du travail de la pensée; mais ces principes purement formels ne nous font pas connaître une seule cause ou une seule loi dans l'ordre des sciences expérimentales, ni aucun théorème dans l'ordre des sciences mathématiques. Les théorèmes se vérifient par le raisonnement seul; mais, avant de les vérifier, il faut les concevoir, et ils ne font nullement partie des données immédiates de la raison. Pour établir une vérité quelconque qui n'est pas une simple donnée de fait ou un élément purement logique, il faut donc que l'esprit suppose. « Le monde ne se laisse pas deviner, il faut l'observer, » disait un jour M. Berthelot, dans la *Revue des Deux-Mondes*. Il avait raison de le dire, en tant qu'il opposait la nécessité de l'observation aux constructions systématiques *à priori;* mais ne peut-on pas dire, avec autant de raison : « Les lois et les causes ne se laissent pas observer, il faut les deviner » ? existe un moyen facile de distinguer les données immédiates, qui ne sont que la matière ou la condition de la science, des vérités scientifiques proprement dites, qui exigent l'hypothèse et la vérification. Les données immédiates se *montrent* et ne se *démontrent* pas. Tout homme qui a les organes de la vue en bon état verra un bolide traverser le ciel, s'il regarde dans la direction convenable. On ne lui démontre pas le phénomène, on le lui montre. Mais l'explication du phénomène, la détermination de la nature du bolide ne pourra être que le résultat d'une démonstration expérimentale. J'admets sans démonstration que deux lignes parallèles sont partout également distantes, parce que c'est la conception même de leur parallélisme; mais je ne peux pas voir immédiatement que par trois points donnés, non en ligne droite, on peut toujours faire passer une circonférence; c'est un théorème qui a besoin de vérification et qu'un géomètre quelconque a dû supposer avant de le démontrer.

L'hypothèse est donc le facteur essentiel des sciences. « Une idée anticipée ou une hypothèse, dit M. Claude Bernard, est le point de départ nécessaire de tout raisonnement expérimental. Sans cela on ne saurait faire aucune investigation ni s'instruire; on ne pourrait qu'entasser des observations stériles [1]. » L'affirmation est vraie pour toutes les sciences soit expérimentales, soit rationnelles, y compris la philosophie, qui, à le bien entendre, n'est que l'expression la plus élevée de l'esprit scientifique et n'a pas de méthode spéciale.

Toute vérité est, sous sa forme première, une hypothèse qui n'a de valeur que lorsqu'elle est vérifiée et qui, lorsqu'elle est vérifiée, devient soit un théorème, soit une loi, soit enfin la détermination d'une classe, d'une cause ou d'un but. L'embryogénie de la science doit donc établir qu'on n'a fait ni ne fera jamais aucune découverte autrement que par une supposition. On peut bien dire, en opposant à une théorie solidement établie une simple conjecture qui n'est ni développée ni vérifiée : « Ce n'est qu'une hypothèse, » mais dans le même sens où l'on dira d'une semence par opposition au végétal développé : « Ce n'est qu'une graine. » L'esprit humain produit une foule de conjectures vaines, de même que les arbres de nos forêts

1. *Introduction à l'étude de la médecine expérimentale*, p. 57.

produisent un grand nombre de graines stériles ; mais l'hypothèse est la semence de toute vérité, et la rejeter par crainte des abus, c'est ne plus vouloir de semences parce qu'il existe des graines infécondes. La science n'a jamais fait un pas qu'au moyen de la méthode vraie, c'est-à-dire par l'emploi de suppositions justes ; mais la théorie de la science telle qu'on la fait généralement se trouve ici en plein désaccord avec la marche réelle de la science. On commence, de nos jours, à reconnaître sur ce point la vérité ; mais, si l'on consulte les logiques les plus répandues et la plupart des traités de philosophie, à l'article de l'origine de nos connaissances, on trouvera, ou l'hypothèse passée sous silence (c'est le cas de presque toutes les logiques du XVIIe siècle), ou l'hypothèse proscrite (c'est le cas de la plupart des logiques du XVIIIe siècle), ou l'hypothèse indiquée comme un procédé auquel on est contraint de recourir en de certains cas exceptionnels et comme en désespoir de cause, lorsque les procédés réguliers de l'induction et de la déduction ne suffisent pas. Le facteur essentiel de la science se trouve donc supprimé, ou relégué dans une place secondaire, et presque toujours il est marqué d'un signe de défiance. D'où provient ce désaccord entre la marche réelle de la science et sa théorie ?

CHAPITRE II

CAUSES HISTORIQUES DU DISCRÉDIT DE L'HYPOTHÈSE

Le discrédit de l'hypothèse provient en partie d'une réaction naturelle contre l'esprit de système et l'abus des conjectures sans fondement ; mais il a des sources plus profondes dans le développement de la philosophie. Le rationalisme et l'empirisme en effet, qui jouent un si grand rôle dans l'histoire de la pensée, sont deux méthodes opposées pour tout le reste, mais qui se trouvent d'accord pour méconnaître la spontanéité de la pensée individuelle dont l'hypothèse est le produit.

1° Origines du rationalisme [1].

Les mathématiques, vu la simplicité de leur objet, ont été la première science rigoureusement établie, et c'est dans la considération des procédés employés par les géomètres qu'un grand nombre d'esprits, à dater de Pytha-

1. Il s'agit ici du rationalisme philosophique, qu'il ne faut pas confondre avec la direction de la pensée qui figure sous le même nom dans les discussions des théologiens.

gore, ont puisé l'idée générale de la méthode. Les mathématiques ne demandent à l'expérience que les perceptions nécessaires pour éveiller la conception de l'espace et l'idée du nombre. A partir de cette base expérimentale étroite et ferme, les axiomes, les définitions et les lois de l'intelligence suffisent à tout. Il en est résulté que la logique de la déduction a été faite la première. Aristote n'était pas un génie mathématique; mais, bien que l'étude de la nature ait imprimé à sa philosophie quelques-uns de ses principaux caractères, sa logique est spécialement celle des sciences déductives.

En puisant l'idée de la méthode universelle dans les procédés mathématiques, on n'a pas fait la place de l'hypothèse, parce qu'on a confondu le procédé de démonstration avec le procédé d'invention; on n'a pas remarqué que, pour rattacher un théorème à ses antécédents logiques, il faut posséder ce théorème, et que, pour le posséder, il est nécessaire de le supposer. J'aurai l'occasion de revenir sur ce point important. On a commis une seconde erreur en méconnaissant la ligne de démarcation qui sépare les vérifications expérimentales, qui réclament la comparaison de la pensée et des faits, et les vérifications uniquement rationnelles. On est arrivé ainsi à la conception d'une science purement *à priori*, partant des données immédiates de la raison et procédant par voie de déduction logique. C'est la méthode de construction. Il n'y a rien à suppposer; bien plus, il n'y a rien à observer hors des données de la raison pure. Le savant ne sait pas seulement ce qui est, il sait ce qui peut être; il se constitue, par le simple développement de sa pensée, juge souverain du possible et du réel. Telle est la méthode que Platon a fondée en cultivant les germes de la pensée de Pythagore.

Cette méthode, en demeurant la même dans sa partie formelle, c'est-à-dire quant au procédé de déduction *à priori*, s'est présentée ensuite sous un autre aspect quant aux matériaux employés. Les docteurs du moyen âge ont adopté pour point de départ de la déduction, non seulement les données immédiates de la raison, mais aussi des formules traditionnelles qu'ils revêtaient d'une autorité souveraine. C'était, en premier lieu, des affirmations empruntées au domaine religieux. On a opposé par exemple à la découverte de Kopernik le raisonnement suivant : « La théologie enseigne que le soleil est fait pour éclairer la terre. Or, on remue les flambeaux pour éclairer les maisons, et non pas les maisons pour être éclairées par les flambeaux. Donc, c'est le soleil qui tourne autour de la terre, et non pas la terre qui circule autour du soleil [1]. » Les textes d'Aristote ont occupé, à côté des décisions de la théologie, le rôle de principes. Aristote enseigne que le soleil est incorruptible. A l'époque où la découverte des taches de cet astre commença à se répandre, un étudiant fit part du fait à son vieux professeur, qui lui répondit : « Mon ami, j'ai lu Aristote deux fois d'un bout à l'autre, et je sais qu'il ne peut y avoir de taches dans le soleil. Essuyez mieux vos verres. Si les taches ne sont pas dans la lunette, elles ne peuvent être que dans vos yeux. » On a souvent enfin appuyé les déductions scientifiques sur des

1. *Le Prince instruit en la philosophie*, par messire Besian Arroy, docteur de Sorbonne et théologal de Lyon. Lyon, 1671, p. 155.

principes arbitraires. C'est ainsi que l'on expliquait l'ascension de l'eau dans un corps de pompe par le principe que la nature a horreur du vide, jusqu'au moment où Toricelli et Pascal démontrèrent que cette horreur s'arrêtait à trente-deux pieds, et mirent ainsi en lumière la vérité, vaguement entrevue jusqu'alors par quelques rares esprits, de la pesanteur de l'air. L'horreur du vide était l'expression figurée d'une classe nombreuse de faits; l'erreur était de prendre cette expression figurée pour une explication, et d'attribuer ainsi à la matière des attributs psychologiques.

Après la période où prévalurent les procédés scientifiques qui viennent d'être indiqués, parut Descartes. Descartes rompt ouvertement avec l'autorité de la théologie et avec celle d'Aristote. Il revient au point de vue de Pythagore, dont il est, chez les modernes, l'héritier le plus direct. Il tente d'expliquer tous les phénomènes du monde matériel par des procédés mathématiques, sans recourir à autre chose « qu'aux semences de vérité qui sont naturellement en nos âmes » [1]. Cette fausse méthode mêle de nombreuses erreurs aux vérités que son génie a découvertes. Hegel entre dans la voie rouverte par Descartes et y fait un pas de plus. Au dessous des procédés de la géométrie, il contemple l'élément purement logique et conçoit l'entreprise grandiose et chimérique d'expliquer non seulement la nature, mais l'humanité et son histoire par la combinaison des éléments abstraits de l'intelligence. Le rationalisme jette alors un vif éclat, qui est l'avant-coureur de sa chute. Par l'effet d'une réaction violente, le matérialisme reparaît et fleurit sur les ruines des conceptions hégéliennes.

Les prétentions du rationalisme en effet ne résistent pas à l'examen. Par l'emploi de cette méthode, on ne peut qu'élever des constructions imaginaires (tisser des toiles d'araignée, disait Bacon) ou se faire l'illusion qu'on construit par un procédé purement logique des théories dont l'origine est expérimentale. Hegel a fait, comme Descartes, une science *à priori*. Pourquoi trouve-t-on chez Hegel des notions de chimie que Descartes ne possédait pas? Entre les doctrines de ces deux philosophes, ce qui est intervenu, ce ne sont pas des modifications de la raison, mais bien les travaux de Boyle et de Lavoisier, c'est-à-dire une série d'hypothèses heureuses confirmées par l'observation.

2° Origines de l'empirisme.

En face du rationalisme s'est toujours posée une méthode contraire dont Bacon est, dans les temps modernes, le représentant le plus connu. La pensée de Bacon était dirigée principalement vers les sciences physiques et naturelles. Il a méconnu l'importance des mathématiques dans l'explication des phénomènes, à l'époque même où Képler en faisait un usage si fécond. C'est dans la physique, telle qu'il la comprenait (et il la comprenait mal [1]), qu'il a pris le type de la science universelle. Il a bien vu

1. Voir, dans la *Revue scientifique* du 15 mai 1875, un article sur les origines de la physique moderne.

que l'observation des faits est la condition de la science, mais il a pris cette condition pour une cause efficiente et a suivi sa pensée avec tant d'excès qu'il a cru que l'induction pourrait remplacer le syllogisme. Il parle bien de l'hymen de l'esprit et de la nature; mais l'impression générale qu'on retire de ses écrits est que, dans cet hymen, la nature seule apporte une dot que l'esprit se borne à recevoir. Bien qu'il donne des règles pour les expériences, ce qui suppose la nécessité des hypothèses, sa pensée fondamentale est que l'observation est tout, et que, pour trouver les lois de la nature, il suffit de constater les faits. Cette conception de la méthode, en passant par l'intermédiaire de Locke, arriva à son développement extrême dans l'œuvre de Condillac. Condillac, dans une note de sa *Logique*[1], rappelle qu'on lui a enseigné au collège la théorie du syllogisme, c'est-à-dire de la déduction rationnelle, et il ajoute : « Nous ne ferons aucun usage de tout cela. » Il affirme, dans le même ouvrage[2], que l'analyse est l'unique méthode pour acquérir des connaissances, et voici comment il développe sa pensée : Si vous regardez la campagne de la fenêtre d'un château, le paysage entier est peint sur votre rétine. Comment arriverez-vous à le connaître? Par l'examen successif de toutes ses parties. C'est là la méthode unique de la science. Notre âme reçoit les sensations qui lui viennent de dehors, et nous ne savons absolument rien que ce que nous pouvons apprendre par l'analyse de ces sensations. Telle est la méthode *à posteriori*, qui forme le caractère spécial de l'empirisme.

L'âme humaine y est considérée comme une simple capacité passive, comme étant à l'origine, selon l'expression de Locke, « une table rase »[1].

L'empirisme ne résiste pas à l'examen mieux que le rationalisme. Les partisans de cette méthode sont les victimes d'une illusion continuelle : dans le fait double de la connaissance, ils oublient la part de l'esprit, du sujet, par une erreur analogue et contraire à celle des rationalistes qui oublient la part de l'objet. Les données qu'ils rapportent à l'observation seule proviennent toujours de la combinaison de l'expérience avec les lois de la raison, car les lois de la raison entrent en exercice même dans les perceptions les plus élémentaires. L'observation pure, si elle pouvait produire quelque chose, ne fournirait jamais que des faits égrenés, sans lien, sans rapport entre eux, qui seraient la matière brute de la science sans pouvoir jamais revêtir les caractères de la science même. A l'aphorisme qu'il n'y a rien dans l'intelligence que ce qui procède des sens, Leibnitz a opposé cette réserve magistrale qui suffit pour ruiner les bases de l'empirisme : « si ce n'est l'intelligence elle-même. »

Il est évident que la théorie de la méthode qui cherche l'origine de toutes nos pensées dans les impressions reçues du dehors ne saurait faire aucune place à la spontanéité intellectuelle dont l'hypothèse est le résultat. Ses conclusions sous ce rapport sont les mêmes que celles du rationalisme.

1. *Essai philosophique concernant l'entendement humain*, livre II, chap. I.

3° Dualisme de la méthode.

Nous venons de signaler une double tentative pour arriver au *monisme* de la méthode, en affirmant que tout vient de la raison, ou que tout procède de l'expérience. Ces deux affirmations entrent en lutte, et cette lutte se retrouve, sous des formes variées, à toutes les époques de l'histoire de l'esprit humain. Elle n'a pas d'issue possible, parce que chacune des affirmations opposées renferme une part de vérité qui fait défaut à l'autre. Euclide, selon le témoignage des historiens de l'antiquité, enseignait que c'est l'œil qui produit la lumière ; quelques modernes ne seraient pas éloignés de la pensée que c'est la lumière qui a produit l'œil. Il est manifeste pourtant que l'œil ne fait pas la lumière et que la lumière ne fait pas l'œil, mais que ces deux facteurs du fait de la vision matérielle sont reliés par une harmonie préétablie. Il en est de même de la vision intellectuelle : l'expérience ne fait pas la raison, la raison ne fait pas l'expérience, mais notre savoir résulte de leur harmonie.

Bien que la lutte de l'empirisme et du rationalisme remplisse les annales de la philosophie, les esprits qui ne sont pas placés sous une influence systématique prononcée admettent, en général, dans le fait de la connaissance, une participation de l'expérience et une participation de la raison, c'est-à-dire un dualisme. Kant, héritier sous ce rapport des tendances de Leibnitz, est, chez les modernes, le représentant le plus illustre de ce point de vue. Dans la partie la plus solide de sa *Critique de la raison pure*, il intervient, comme un médiateur plein d'autorité, entre les rationalistes et les empiriques. Il a démontré, plus rigoureusement qu'on ne l'avait fait avant lui, l'intervention de formes inhérentes à la pensée dans toutes les données de l'observation, prouvant ainsi que l'action exercée du dehors par les objets de l'expérience n'est qu'un seul des éléments du fait de la connaissance. Dans l'état actuel de l'analyse psychologique et métaphysique, il est facile de maintenir cette vérité contre toute tentative de monisme. Cette vue est juste, mais insuffisante. On ne peut pas en effet expliquer l'origine de notre savoir par la simple addition de l'expérience et de la raison, parce que ni l'expérience, ni la raison, ni leur mélange, ne peuvent nous fournir la connaissance des théorèmes, des lois et des causes. L'empirisme oublie la raison; le rationalisme oublie l'expérience; l'un et l'autre méconnaissent la spontanéité de la pensée individuelle dans la découverte des principes d'explication qui ne sont l'expression immédiate ni des faits, ni des lois *a priori* de la pensée. L'esprit humain ne parvient pas à la vérité en marchant, sans quitter le sol, dans les voies de l'induction ou de la déduction. Il faut qu'il use de ses ailes pour se poser sur des sommets auxquels aucun sentier ne conduit. Telle est la vertu propre de l'hypothèse. Aristote a rédigé la logique de la déduction. La logique de l'induction a été fort avancée par les modernes. La logique de l'hypothèse est à faire. Sa première tâche est de reconnaître la place de l'acte de supposer dans la construction de la science. Nous allons marquer cette place, en développant les indications contenues dans les considérations qui précèdent.

CHAPITRE III

L'HYPOTHÈSE DANS LES SCIENCES MATHÉMATIQUES

Commençons par les mathématiques, qui offrent le meilleur type des sciences de raisonnement. Il n'existe pas en mathématiques, comme dans les sciences physiques et naturelles, des conjectures auxquelles on accorde un degré plus ou moins grand de probabilité. Dès qu'un théorème est démontré, il prend sa place, comme nous l'avons dit, au nombre des vérités certaines. On peut dire en ce sens que, par opposition aux sciences de faits, les mathématiques ne renferment pas d'hypothèses. La théorie des ondulations lumineuses par exemple, bien qu'elle paraisse solidement établie, peut être révoquée en doute, sans qu'on méconnaisse pour cela les lois et les droits de la raison. Une proposition de géométrie, si elle est valablement démontrée, ne peut être l'objet d'un doute, sans que ce doute porte sur la valeur de l'intelligence même. Cela est vrai. Les théorèmes mathématiques ne sont pas plus ou moins probables, comme le sont les lois de la physique; mais ces théorèmes sont des hypothèses au moment de leur apparition. Il faut qu'ils soient conçus, avant d'être démontrés, et lorsqu'ils sont conçus, sans être encore démontrés, ils ont le caractère de simples suppositions. Voyons bien ce qui se passe. A l'occasion des perceptions, les idées du nombre et de la forme paraissent dans l'intelligence. Ces idées se séparent, par une abstraction naturelle, des perceptions sensibles, et deviennent ainsi de simples concepts qui sont l'objet de l'observation rationnelle. Cette observation nous révèle la série des nombres et les formes géométriques ; la raison nous fournit des axiomes ; l'intelligence, les lois du raisonnement ; mais ni les propriétés des nombres, ni les propriétés des figures ne se présentent à l'esprit sans un acte spontané qui les suppose. Une proposition nouvelle traverse l'esprit d'un géomètre qui l'énonce : Que fait-on avant de l'accepter comme vraie? « On la soumet à l'épreuve du raisonnement en partant de vérités incontestables déjà connues ; la certitude ressort de l'identité du résultat auquel arrivent nécessairement tous les esprits droits habitués aux raisonnements mathématiques [1]. » Quel est le premier savant qui a conçu la propriété que dans toute proportion le produit des extrêmes est égal à celui des moyens? Je ne sais ; mais il est certain que cette vérité a d'abord existé dans son esprit sous la forme d'une supposition à vérifier. Il est presque superflu de remarquer que la constatation expérimentale de cette propriété, dans un certain nombre de cas, ne constitue pas sa démonstration à titre de vérité universelle. On soupçonne

1. Chevreul, *Lettres adressées à M. Villemain*, p. 248.

que certaines observations faites sur les nombres ont pu mettre Pythagore sur la voie du théorème relatif au carré de l'hypoténuse, mais il n'a pu trouver là que des indices, et la tradition qui parle d'une hécatombe qu'il sacrifia aux dieux en reconnaissance de sa découverte symbolise le sentiment qu'il éprouva du don d'une vérité qui n'était le résultat nécessaire ni de ses observations, ni de ses raisonnements. La découverte du calcul infinitésimal avait été préparée par le développement antérieur des mathématiques, notamment par le calcul de Barrow et par celui de Wallis; mais il fallut pour la réaliser une hypothèse du génie, une vue produite par la spontanéité propre d'esprits individuels. Montucla, l'historien des mathématiques, en fait la remarque en ces termes à l'occasion de Leibnitz : « Voilà le passage du calcul de Barrow et de celui de Wallis au calcul différentiel. Mais, quoiqu'il y eût aussi peu à faire pour passer de l'un à l'autre, il y aurait une grande injustice à vouloir priver Leibnitz de l'honneur de cette invention, puisque tant de géomètres avaient vu les livres de Barrow et de Wallis, les avaient médités, et n'avaient pas été plus loin. Le génie consiste dans cette heureuse fécondité de vues et d'expédients, qui paraissent après coup simples et faciles, mais qui échappent néanmoins à ceux qui ne sont pas avantagés de cet heureux don de la nature[1]. »

Une vérité mathématique n'est et ne peut être, sous sa forme première, qu'une hypothèse à vérifier; mais, comme je l'ai observé déjà, l'hypothèse, étant reconnue par l'essai

1. *Histoire des mathématiques*, tome II, p. 343.

de sa démonstration certainement vraie ou certainement fausse, ne subsiste pas avec un degré plus ou moins grand de probabilité, comme cela arrive pour les sciences de faits. Il en résulte que la présence de l'hypothèse est plus facilement méconnue dans les mathématiques que dans les autres sciences. Cette présence toutefois est constatée par des auteurs dont la parole possède une juste autorité. « Dans une conversation sur la part que prend l'imagination aux travaux scientifiques, dit M. Liebig, un éminent mathématicien français m'exprimait l'opinion que la plus grande partie des vérités mathématiques ne sont pas acquises par déduction, mais par l'imagination[1]. »

Au lieu de « la plus grande partie », le savant français aurait pu dire « toutes » sans commettre d'erreur. La même vérité se trouve sous la plume de M. Claude Bernard, qui écrit : « Le mathématicien et le naturaliste ne diffèrent pas quand ils vont à la recherche des principes. Les uns et les autres induisent, font des hypothèses et expérimentent[2]. »

Le père de Pascal avait défendu à son fils, encore enfant, de s'occuper de mathématiques. Le fils, enfreignant la défense paternelle, s'amusait à tracer sur les murs de sa chambre de récréation des ronds et des barres avec un morceau de charbon, et réfléchissait sur les propriétés de ces figures. Madame Périer, sa sœur[3], affirme qu'il découvrit ainsi les trente-deux premières propositions d'Eu-

1. *Le développement des idées dans les sciences naturelles*, p. 38.
2. *Introduction à l'étude de la médecine expérimentale*, p. 81.
3. *Vie de B. Pascal*, écrite par sa sœur. Cette *Vie* se trouve en tête de la plupart des éditions du livre des *Pensées*.

clide. Je me rappelle avoir enseigné, à l'occasion de ce fait, que les mathématiques sont une science de réflexion pure, de telle sorte qu'il suffit de réfléchir pour découvrir les théorèmes. En y pensant mieux, j'ai reconnu que nombre de gens, parmi lesquels je me range, auraient pu réfléchir toute leur vie sans trouver les trente-deux premières propositions d'Euclide. Les éléments communs de la raison cultivés par la réflexion personnelle ne suffisent pas pour rendre compte d'un fait dont le génie de Blaise Pascal est la seule explication suffisante.

CHAPITRE IV

L'HYPOTHÈSE DANS LES SCIENCES DE FAITS

Si nous passons aux sciences de faits, nous rencontrons partout l'hypothèse, soit dans l'établissement des classes et des lois, soit dans la détermination des causes et des buts.

1° Recherche des classes.

Placer un être dans sa classe, c'est lui assigner une nature que l'on suppose constante, de telle sorte que la désignation de la classe entraîne l'affirmation légitime d'un certain nombre de propriétés. Je donne à un corps le nom d'argent, à un végétal le nom de palmier, à un animal le nom de lion : l'imposition de ces termes, si elle est juste, renferme l'affirmation de propriétés que je puis attribuer sans erreur à ce végétal, à cet animal, à ce corps. C'est la base de toute induction et de toute déduction, c'est-à-dire, comme nous l'avons vu, la base indispensable de la science. Il est presque superflu de le répéter, tant la chose est manifeste, s'il n'existait pas de classes naturelles, s'il n'y avait que des molécules sans propriétés communes, des individus végétaux ou animaux ne formant pas des groupes caractérisés par la présence d'éléments identiques, toute affirmation générale serait fausse. Or, sans les idées générales, sans les noms communs qui les expriment, la parole et la pensée demeureraient également impuissantes. L'existence de classes naturelles est donc la condition de la pensée scientifique, et la découverte de ces classes en est le fondement. Le but le plus élevé de la science est de découvrir des éléments primitifs dont les faits qui se présentent à l'observation immédiate sont les composés. La recherche de ces éléments primitifs, ou classes premières des êtres, joue un rôle considérable en chimie. Lavoisier définissait la chimie : « la science qui a pour objet de décomposer les différents corps de la nature, » c'est-à-dire de remonter à leurs éléments. Lorsqu'un physicien se demande quelle est la nature de la lumière, et qu'il hésite entre la théorie de l'émission et la théorie de l'ondulation, il agite au fond un problème de classification, puisque la question est de savoir si l'élément objectif de la lumière est une matière spéciale ou le mouvement particulier d'une matière commune. Une des recherches capitales de la physiologie est de déterminer un certain nombre de tissus élémentaires dont les combinaisons diverses produisent les organes. Le résultat de cette classification serait la possibilité de nommer des tissus dont on pourrait affirmer telles propriétés particulières et d'expliquer les phénomènes de la vie par l'action combinée de ces propriétés. On sait enfin toute l'importance de la classification dans les recherches de la botanique et de la zoologie. La question des espèces, si elle est un problème de théorie et non une simple affaire de nomenclature plus ou moins arbitraire, est la question du nombre et de la nature des classes primitives dans lesquelles se répartissent les êtres vivants.

Comment l'esprit du savant procède-t-il dans la recherche des classes? Il peut arriver par exception qu'une découverte de cet ordre se fasse d'une manière fortuite; un chimiste peut voir apparaître dans ses appareils un corps nouveau qu'il ne cherchait pas. Mais, dans la règle, le savant commence par soupçonner ou conjecturer, puis il cherche, et enfin, s'il est sur la voie d'une découverte véritable, il trouve. La part de l'imprévu diminue à mesure que la science fait des progrès.

« L'empirisme a fait son temps, disait naguère M. Wurtz; la science ne pourra atteindre son but que par l'expérience guidée par la théorie [1]. »

Nous savons, par le propre témoignagne de Lavoisier, qu'ayant observé qu'une portion de l'air est susceptible de se combiner avec les substances métalliques pour former des chaux, tandis qu'une autre portion de ce même air se refusait constamment à cette combinaison, « il *soupçonna* que l'air de l'atmosphère n'est point un être simple, qu'il est composé de deux substances très différentes [2]. » Il présuma que les terres (chaux, magnésie, alumine, etc.) cesseraient d'être comptées au

1. Discours à l'Association française pour l'avancement des sciences, réunie à Lille en août 1874. Voir la *Revue scientifique* du 22 août 1874, p. 174.

2. *Journal d'expériences* de Lavoisier à la date du 14 février 1774. Voir Hœfer, *La chimie enseignée par la biographie de ses fondateurs*, p. 85.

nombre des substances simples, et, en émettant cette opinion, il ajouta : « Ce n'est au surplus qu'une simple conjecture que je présente ici [1]. » Voilà deux grandes vérités relatives aux éléments primitifs des substances chimiques présentées à l'état de soupçon et de conjecture, c'est-à-dire sous la forme embryonnaire de toute vérité, l'hypothèse. Davy cherche à vérifier expérimentalement la nature composée de corps que l'on supposait simples. Son frère nous informe [2] que lorsqu'il réussit à dégager le *potassium* de la potasse par le moyen de la pile « il ne put plus contenir sa joie : il se promenait dans sa chambre en sautant, comme saisi d'un délire extatique. » Que venait-il de faire? Il venait de vérifier avec l'art d'un expérimentateur consommé une conjecture féconde du génie.

Ce qui prouve jusqu'à l'évidence le caractère hypothétique des classifications, c'est la nécessité absolue des classifications provisoires. Ces classifications sont nécessaires, puisque, je le répète, sans classement, toute affirmation générale serait impossible. Elles sont remplacées par d'autres, lorsqu'elles sont reconnues insuffisantes ou fausses. C'est ainsi que les quatre éléments des anciens : la terre, l'eau, l'air et le feu, ont été remplacés par le catalogue considérable de nos corps simples, dont il est permis de croire que les progrès de la chimie réduiront le nombre. On sait les contestations relatives aux véritables espèces végétales ou animales, et nous aurons l'occasion de reconnaître, en avançant dans notre étude, le carac-

1. *Traité de chimie*, tome II, p. 194 de la 3e édition.
2. *Memoirs of the life of sir H. Davy.*

tère visiblement hypothétique des systèmes émis par quelques naturalistes contemporains.

La question de l'unité de l'espèce humaine est, au point de vue scientifique, un problème de classification. Ce problème ne peut être étudié sérieusement que par la comparaison de deux hypothèses : celle de l'origine unique et celle de l'origine multiple. Il s'agit de déduire les conséquences de ces deux suppositions et de les comparer aux faits observables. A cet égard, la base d'observation est bien vacillante encore. Ce qui le prouve, c'est qu'une partie du monde savant a passé brusquement de l'affirmation que les hommes diffèrent trop les uns des autres pour descendre tous d'un même couple, à l'affirmation que les hommes et les animaux peuvent remonter à une même origine.

Il est des cas où les suppositions relatives aux classes sont susceptibles d'une démonstration immédiate et absolue. L'existence des gaz dont le mélange constitue l'air atmosphérique, et de ceux dont la combinaison forme l'eau, sont des vérités mises hors de doute par les expériences de nos laboratoires. De même, lorsqu'un horticulteur aura obtenu, en semant des graines prises sur une même plante, des variétés que l'on tenait pour des espèces différentes, il aura démontré que ces espèces crues diverses n'en sont réellement qu'une seule. Mais le cas le plus général, soit en physique, soit en histoire naturelle, est que les hypothèses ne sont pas susceptibles d'une démonstration immédiate, mais passent, lorsqu'elles sont vraies, par les degrés d'une probabilité croissante. La théorie des ondulations lumineuses est généralement admise, parce qu'elle est devenue de plus en plus probable, tandis que la réduction de toutes les espèces végétales à un très petit nombre de types primitifs est un système qui n'est tenu pour vraisemblable que par un nombre limité de botanistes. Si ce système doit arriver à l'état de théorie démontrée, il ne pourra le faire qu'en parcourant une longue série de probabilités.

2° Recherche des lois.

Les lois scientifiques sont des formules qui expriment le mode selon lequel s'accomplissent les phénomènes. Il est des lois très simples qui ne sont que la généralisation immédiate de l'observation. Le fait que tous les corps solides ou liquides, à l'état libre, tombent sur le sol, est l'expression du fait général de la pesanteur. Galilée a découvert le mode précis de la chute des corps graves, ou la loi scientifique du phénomène, en établissant que les espaces parcourus sont proportionnels aux carrés des temps. Il informe ses lecteurs qu'il a découvert cette loi par la raison et qu'il l'a vérifiée par l'expérience [1]. L'emploi de la raison fut ici de déduire les conséquences de la théorie du mouvement accéléré [2]. Mais, ce résultat rationnel étant obtenu, Galilée se garda bien de le considérer comme un théorème *à priori ;* il ne le présenta au monde savant comme une vérité qu'après avoir vérifié par l'expérience ce qui n'était pour lui, jusqu'alors, qu'une conjecture mathématique. Il n'a pas établi sa loi

1. Postille al libro del Rocco. — Voir Conti ; *Storia della filosofia*, t. II, p. 339.
2. Montucla, *Histoire des mathématiques*, tome II, p. 264.

par l'expérience, puisqu'il déclare lui-même qu'il y est arrivé par le raisonnement ; il ne l'a pas établie par l'emploi de la raison seule, puisqu'il déclare l'avoir vérifiée par l'expérience. Il est donc impossible de méconnaître ici l'application de la véritable méthode : observer, supposer, vérifier. Dès qu'on s'éloigne de la simple expression des faits généralisés pour essayer de préciser leur mode, l'hypothèse intervient nécessairement. Les exemples abondent tellement qu'il n'y a que l'embarras du choix. Prenons-en quelques-uns dans la mécanique céleste, la plus achevée de nos sciences.

La théorie de Kopernik ne porte pas sur une loi, dans le sens propre du terme ; c'est une hypothèse d'une nature spéciale, qui était nécessaire pour les grandes découvertes qui devaient suivre. Cette théorie n'était certainement pas le résultat d'un raisonnement *à priori ;* tous les raisonnements *à priori* que l'on faisait alors concluaient au maintien de la doctrine de la position centrale de la terre. Cette théorie n'était pas le résultat de l'observation, puisque l'observation directe conduira toujours à penser que c'est le soleil qui se meut autour de notre globe. C'était une conjecture hardie, que le savant polonais puisa, comme il nous l'apprend, dans les écrits de quelques anciens. La découverte de Kopernik ne fut généralement admise dans le monde savant qu'après une lutte qui dura plus d'un siècle. Elle avait contre elle tout le poids des apparences immédiates et un grand nombre d'arguments théoriques généralement en faveur. L'opposition des théologiens, manifestée avec tant d'éclat dans le procès de Galilée, ne fut qu'un des éléments d'une lutte à laquelle les disciples d'Aristote prirent une part très active, au point de vue purement scientifique. Il est inutile d'insister : personne ne saurait contester sérieusement que l'affirmation du mouvement de la terre n'est ni une déduction de la raison pure, ni une donnée de l'expérience, mais une hypothèse confirmée.

Képler, ayant supposé que les orbites des planètes étaient des ellipses, et non des cercles, comme on l'admettait avant lui, chercha à vérifier son hypothèse. Il se trompa dans ses calculs et rejeta, pour un temps, l'idée vraie qu'il avait découverte, et qu'il réussit à démontrer plus tard par des calculs exacts. L'histoire de sa pensée présente un fait analogue à l'occasion de la découverte de sa troisième loi [1]. Voici comment il nous le raconte lui-même : « Après avoir trouvé les dimensions véritables des orbites, grâce aux observations de Brahé et à l'effort continu d'un long travail, enfin j'ai découvert la proportion des temps périodiques à l'étendue de ces orbites. Et si vous voulez en savoir la date précise, c'est le 8 mars de cette année 1618, que, d'abord conçue dans mon esprit, puis maladroitement essayée par des calculs, partant rejetée comme fausse, puis reproduite le 15 de mai avec une nouvelle énergie, elle a surmonté les ténèbres de mon intelligence, si pleinement confirmée par mon travail de dix-sept ans sur les observations de Brahé, et par mes propres méditations, parfaitement concordantes, que je croyais d'abord rêver et faire quelque pétition de principe ; mais plus de doute : c'est une proposition très cer-

1. Les carrés des temps des révolutions des planètes autour du soleil sont proportionnels aux cubes des grands axes des orbites.

taine et très exacte[1]. » On voit ici tout à fait à nu le procédé d'invention ; en premier lieu, les observations accumulées par Tycho-Brahé et par Képler lui-même, puis l'hypothèse, dont la date est fixée au 8 mars 1618, enfin la vérification, qui échappe d'abord par suite d'erreurs de calcul et qui se trouve ensuite dans des calculs exacts. En terminant l'ouvrage qui renferme le récit qu'on vient de lire, l'auteur marque les degrés croissants de la lumière qui ont éclairé sa théorie. « Depuis huit mois, j'ai vu le premier rayon de lumière ; depuis trois mois, j'ai vu le jour ; enfin, depuis peu de jours, j'ai vu le soleil de la plus admirable contemplation. »

L'histoire intellectuelle de Newton présente des incidents tout semblables. C'est en 1666 que la loi de la gravitation s'offrit la première fois à sa pensée. Il en déduisit d'abord les conséquences pour la lune. Mais, les résultats de ses calculs ne concordant pas avec les observations, il renonça à sa théorie. Une des bases de ses calculs était la mesure du méridien. Il apprit, en 1670, que l'Académie des sciences de Paris venait d'obtenir une nouvelle mesure du méridien qui différait de celle qu'on avait admise jusqu'alors. Les calculs repris sur cette base nouvelle pouvaient confirmer l'hypothèse. Cette pensée lui causa une agitation telle qu'il chargea un de ses amis de reprendre ses calculs, que, dans son émotion, il ne se sentait pas capable de faire lui-même. Les calculs cette fois se trouvèrent pleinement d'accord avec les résultats de l'observation. C'est ainsi que la gravitation

1. *Harmonices mundi libri quinque.*

devint une loi qui, dès lors, a été de plus en plus confirmée par les travaux des grands géomètres du XVIIIe siècle, et enfin par ceux de Laplace. Le caractère hypothétique de son origine ne saurait faire l'ombre d'un doute. Il ne faut qu'un peu de réflexion pour sentir la vérité de ces paroles d'Ampère : « Jamais l'analyse n'eût pu nous faire découvrir cette loi générale et simple que les corps célestes s'attirent en raison inverse du carré des distances ; ce n'est que par des hypothèses qu'on a trouvé cette grande vérité »[1]. Il serait facile de multiplier indéfiniment les exemples de même nature, car il n'est pas une seule loi dans la science qui ne soit née sous la forme d'une supposition. La recherche des causes se présente dans des conditions identiques.

3° Recherche des causes.

Le principe de causalité *ex nihilo nihil* est le postulat général de la science. Si un fait pouvait se produire à partir du néant, sans aucune raison d'être, nous ne pourrions aspirer à rendre raison de rien, le fil des recherches serait à jamais coupé. Ce principe fondamental s'applique à deux classes de causes : les causes soumises dans leur action à un déterminisme absolu, et les causes conçues comme douées d'un élément de liberté. Je n'entre pas ici dans la question de la réalité du libre arbitre[2], j'étudie seulement les conséquences logiques de cette idée. L'action des causes supposées libres ne peut être prévue avec une certitude absolue,

1. *Philosophie des deux Ampère*, publiée par Barthélemy Saint-Hilaire, p. 135.
2. Voir partie III, à l'article de la psychologie.

puisque la possibilité de conséquents divers, les mêmes antécédents étant donnés, est l'idée même de la liberté. En ce cas, la question de la cause porte sur les déterminations de telle ou telle volonté. On demande, par exemple, si le couronnement de Charlemagne par le pape Léon III, le 25 décembre de l'an 800, fut le fait d'une volonté du pape, inconnue de Charles, ou le résultat de la volonté de Charles lui-même [1]. Ce sont deux hypothèses portant sur la causalité d'agents libres.

Dans tous les ordres de faits où la liberté n'intervient pas, une cause est un antécédent dont un conséquent suit, selon une loi fixe, de telle sorte que lorsque la loi de succession est connue, l'antécédent étant donné, on peut déterminer le conséquent par une déduction logique. Trois corps étant donnés, par exemple, avec leurs masses et leurs distances, si l'on fait abstraction des autres éléments de l'univers, le calcul établira avec certitude, d'après la loi de la gravitation, quels seront les mouvements de ces corps. Tels éléments chimiques étant donnés, on sait que, à tel degré de température, on obtiendra une combinaison connue. De tel germe organique, placé dans les conditions nécessaires à la vie, on peut dire à l'avance qu'il résultera telle plante ou tel animal.

Les causes ne sont pas des lois, et les lois ne sont pas des causes, quoi qu'en aient pu dire des philosophes inattentifs; mais la connaissance d'une cause réclame, pour être logiquement féconde, la connaissance de la loi

1. Voir le Sacre de Charlemagne à la fin des *Souvenirs de L. Vulliemin*. Lausanne, 1871.

de son action. La présence d'un corps est une cause mécanique. Je ne puis rien déduire du fait de sa présence, si j'ignore la loi de la gravitation; mais le corps et la loi sont deux choses parfaitement distinctes que l'on ne peut confondre sans tomber dans des erreurs philosophiques très graves.

En physique, on cherche l'explication des faits dans la présence d'un corps ou d'un mouvement déterminé. Un pan de mur tombe; la question est de trouver la cause de sa chute. Un physicien suppose que le fait peut provenir d'un foyer de chaleur voisin. L'examen des lieux confirme sa conjecture; une barre de fer appuyée au mur est dilatée par l'action de la chaleur. La cause du phénomène est ici le mouvement du fer, dont la science du calorique fournit la loi. En 1846, M. Le Verrier suppose que certaines perturbations observées dans le mouvement de la planète Uranus proviennent de l'existence d'une planète inconnue, dont il détermine par le calcul la position probable; voilà l'hypothèse. Peu de temps après la publication du travail de M. Le Verrier, M. Galle, astronome berlinois, découvre la planète supposée : l'hypothèse a obtenu de la sorte une confirmation immédiate et absolue. Si la planète n'avait pas été vue, son existence serait encore une hypothèse simplement probable.

La géologie fait un usage de l'hypothèse qui n'est pas plus nécessaire, mais qui est plus incontesté que celui qu'en fait la physique. Cette science cherche à déterminer les causes des phénomènes que le globe terrestre livre à l'observation. Arrêtons-nous à un seul fait, celui des blocs erratiques. Certains blocs de rocher s'offrent dans des conditions spéciales; il s'agissait de déterminer la cause de leur présence. On a d'abord supposé qu'ils ne sont pas dans leur position primitive, et qu'ils ont été transportés aux places où ils se trouvent maintenant. L'examen de la nature du sol qui les entoure a vérifié cette première conjecture. Le transport était ainsi désigné comme la cause de la situation actuelle des blocs. Quel a été l'agent de leur transport? Il y a peu d'années encore, on admettait que c'était l'eau. Une autre supposition, le transport par le moyen des glaciers, a pris aujourd'hui la place de l'idée ancienne. Comment cette hypothèse est-elle née, et comment a-t-elle été de plus en plus acceptée par les savants? C'est un fragment de l'histoire de la science que j'emprunterai à M. de La Rive. Je l'extrais du discours qu'il prononça, le 21 août 1865, à l'ouverture de la quarante-neuvième session de la Société helvétique des sciences naturelles, réunie à Genève :

« Je me souviens qu'étant fort jeune encore, c'était en 1819, et voyageant avec mon frère dans le Valais, nous fîmes la rencontre d'un homme qui, sous une apparence rustique, cachait un esprit d'observation aussi vif que profond. C'était Venetz. Il venait de rendre un grand service à son pays en trouvant un moyen naturel et facile de détruire à l'avenir, au fur et à mesure de sa formation, un glacier dont les blocs accumulés avaient produit, au moment de leur débâcle, un grand désastre dans le Valais. Le travail que Venetz venait d'opérer sur le glacier de Gétroz, dans la vallée de Bagnes, avait dirigé son attention sur le déplacement des glaciers en général. Je n'oublierai jamais avec quelle conviction il cherchait à nous démontrer que, dans le pays qu'il habitait, il y avait actuellement des glaciers là où jadis il n'y en avait point, et qu'il y en avait eu de très considérables là où maintenant il n'en existe plus. C'était un horizon tout nouveau ouvert aux géologues, qui n'accueillirent d'abord qu'avec une extrême défiance une idée qui leur semblait fort chimérique. Venetz ne se laissa point décourager par les objections, et, en 1821, il lisait à notre Société un mémoire qui ne fut imprimé qu'en 1833, et dans lequel, à la suite de nombreuses et persévérantes recherches, il relatait 22 observations constatant la présence de glaciers dans des lieux où il n'y en avait pas eu de tout temps, et 35 observations qui établissaient qu'il y avait eu des glaciers là où maintenant on n'en aperçoit plus.

« Un savant géologue dont la Suisse s'honorera toujours, M. de Charpentier, que sa position et son caractère bienveillant avaient rapproché de Venetz, combattit vivement à l'origine, comme contraires à tous les principes de la physique et de la géologie, les idées de son ami, qui, du reste, n'étaient pas nouvelles pour lui. Il raconte en effet que, revenant en 1815 de visiter les beaux glaciers du fond de la vallée de Bagnes, et voulant se rendre au grand Saint-Bernard, il était entré pour y passer la nuit dans le chalet d'un intelligent montagnard, grand chasseur de chamois, nommé Perraudin. La conversation durant la soirée roula sur les particularités de la contrée et principalement sur les glaciers, que Perraudin avait souvent parcourus et connaissait fort bien. *Les glaciers de nos montagnes,* disait ce dernier, *ont eu au-*

trefois une bien plus grande extension qu'aujourd'hui. Toute cette vallée a été occupée par un vaste glacier qui se prolongeait jusqu'à Martigny, comme le prouvent les blocs de roche qu'on trouve dans les environs de cette ville, et qui sont trop gros pour que l'eau ait pu les y amener. Cette hypothèse parut à de Charpentier tellement invraisemblable qu'il ne la prit pas même en considération. On comprendra donc facilement l'accueil qu'il fit, au premier abord, à la thèse de Venetz d'un glacier qui aurait jadis occupé non seulement le Valais, mais tout l'espace compris entre les Alpes et le Jura. Si l'hypothèse de Perraudin lui avait paru extraordinaire et invraisemblable, celle de Venetz dut lui sembler folle et extravagante. Et pourtant, après une étude longue et consciencieuse, de Charpentier arriva à admettre la théorie nouvelle qui lui avait semblé d'abord si étrange, et à la regarder comme pouvant seule expliquer une foule de faits observés dans nos vallées, et dont la science n'avait pu jusqu'alors rendre compte que d'une manière très imparfaite. Il fit connaître, en 1834, à la Société helvétique des sciences naturelles, le résultat de ses observations dans un mémoire qui parut en 1835 dans les *Annales des mines*, et publia en 1841 un ouvrage plus complet sur la matière.

« Deux ans après la lecture de son premier mémoire, M. de Charpentier recevait à Bex la visite d'un jeune naturaliste connu déjà par des travaux importants et qui dès lors a fait d'un autre continent son champ d'activité. Agassiz, convaincu que de Charpentier est dans l'erreur va passer auprès de lui cinq mois consécutifs, se flattant, en étudiant la question sur le même terrain que lui, de le ramener à des idées plus justes. Mais la conversion que Venetz a opérée sur de Charpentier, de Charpentier l'opère à son tour sur Agassiz; et le jeune néophyte, aussi ardent à défendre les idées de Charpentier qu'il l'avait été à les combattre, vint faire sa profession de foi la plus explicite dans un discours qu'il prononça en 1837, en sa qualité de président de notre Société réunie à Neuchâtel. Puis plus tard, dans son ouvrage intitulé : *Etudes sur les glaciers*, publié en 1840, il développe plus au long ce sujet, qu'il n'avait fait qu'effleurer en 1837. Sans doute l'idée mère du rôle que les glaciers ont joué dans les phénomènes géologiques appartient avant tout à Venetz, et il est juste de revendiquer pour de Charpentier la priorité des recherches qui ont établi solidement cette théorie. Mais l'ardeur d'Agassiz, son dévouement scientifique, celui de ses amis, et en particulier de MM. Desor et Vogt, avec lesquels il alla s'établir sur le glacier de l'Aar, afin d'y prendre en quelque sorte la nature sur le fait, contribuèrent pour une grande part à faire avancer et à populariser la question des glaciers. En effet, franchissant dès lors les frontières de la Suisse, elle finit, après des luttes assez vives, où figure plus d'un nom illustre en Europe, par acquérir son droit de bourgeoisie dans la science. Il nous paraît irrévocablement acquis maintenant qu'il n'est pas possible d'expliquer autrement que par l'existence de grands glaciers qui ont rempli jadis les vallées, le transport de ces masses rocheuses désignées sous le nom de blocs erratiques, qu'on trouve jusqu'à 1200 et même 1400 mètres de hauteur sur les flancs des montagnes qui bordent les plaines de la Suisse. »

Un jour peut-être, les affirmations des savants seront plus catégoriques encore. On ne dira plus : « il nous paraît, » mais : « il est certain. » La théorie du transport des blocs erratiques par les glaciers sera si universellement admise et paraîtra si naturelle, qu'on sera tenté de la prendre pour le résultat immédiat et direct de l'observation. On voit qu'elle fut à son début, non seulement une hypothèse, mais une hypothèse dont la confirmation n'avait pas un caractère d'évidence immédiate, puisque l'idée nouvelle fut repoussée au début, en Suisse et ailleurs, par quelques-uns des géologues les plus compétents et les plus illustres.

Les sciences médicales ouvrent un vaste champ à la recherche des causes. Un état maladif livre à l'observation un certain nombre de symptômes anormaux, de troubles dans les fonctions. Cet ensemble de symptômes étant donné, la question, pour arriver à un traitement rationnel, est, si l'on suppose une maladie unique, de déterminer la cause générale des symptômes, c'est-à-dire l'antécédent dont le reste suit selon les lois connues de la physiologie. Dans le plus grand nombre des cas, on est réduit à un traitement empirique, c'est-à-dire à combattre tels symptômes déterminés par des remèdes dont une circonstance quelconque a révélé l'efficacité. C'est ainsi que la vertu fébrifuge du quinquina est une donnée d'expérience ; ce médicament est appliqué sans qu'on possède aucune notion sur l'action immédiate dont la guérison de la fièvre est la conséquence. D'une manière plus générale, le nom d'une maladie désigne, le plus souvent, un ensemble de troubles fonctionnels dont l'expérience a montré le lien, sans que la racine première du mal soit connue, et l'on applique le traitement dont l'expérience a prouvé l'efficacité. La médecine scientifique a une plus haute ambition. Elle aspire à déterminer la nature primitive des maladies, c'est-à-dire le désordre fondamental auquel il faut remédier, et dont la suppression ferait disparaître l'ensemble des accidents qui ne sont que ses conséquences. La nature du choléra est encore inconnue. On traite cette redoutable maladie par des procédés empiriques. On combat, par des moyens appropriés, les crampes, le refroidissement, la suspension des fonctions sécrétoires.... ; mais il est manifeste que le savant qui réussirait à déterminer l'origine première du mal ouvrirait la voie à un traitement rationnel. Les uns considèrent le choléra comme une maladie due à des parasites, d'autres comme une affection du grand sympathique, etc. ; mais aucun de ces systèmes n'a été confirmé par l'expérience [1]. Si la cause première du mal est découverte un jour, elle ne le sera que par le moyen d'une conjecture vraie. Il en est de même dans le domaine entier de la médecine. Entre l'examen d'un malade et la prescription du docteur intervient toujours le diagnostic, c'est-à-dire une supposition vraie ou fausse, sur la cause des symptômes observés. C'est pourquoi les connaissances scientifiques les plus étendues ne sauraient remplacer dans l'art de guérir le génie médical, qui n'est que la faculté de faire promptement des suppositions justes. On remarque, dans les concours des facultés de médecine, des élèves qui possèdent à fond la théorie et qui commettent les bévues les plus étranges dans le diagnostic. Je demandai, un jour, à feu le docteur Rilliet : « Si, pour vous faire soigner dans une maladie, vous aviez le choix entre Hippocrate, muni des faibles connaissances de son époque, mais doué du génie que nous lui attribuons, et un jeune docteur d'un talent ordinaire, mais riche de toute la science médicale de nos jours, qui choisiriez-vous ? » Il me répondit à l'instant : « Je choisirais Hippocrate. » L'art de déterminer des causes est l'élément essentiel de la pratique médicale ; et on ne détermine les causes que par la voie de l'hypothèse.

4° Recherche des fins.

Dans le domaine des sciences qui ont l'homme pour objet, la volonté figure au nombre des causes. Le pouvoir de la volonté s'explique par l'idée de la liberté, car l'être libre est par essence un *être-cause ;* mais la considération d'un pouvoir libre n'offre point l'explication totale des actes humains, même pour ceux qui admettent la réalité du libre arbitre, parce que la liberté de l'homme est essentiellement relative. Les déterminations de la volonté se produisent en présence d'impulsions diverses, ou d'antécédents que la science cherche à reconnaître. Ces antécédents non volontaires des actes de la volonté sont de deux espèces : ce sont des impulsions passionnées, dont la cause dernière se trouve dans le tempérament et donne lieu à des explications physiologiques, ou bien ce sont des motifs raisonnés, et ces motifs sont des fins que les agents se proposent. C'est la connaissance de ces fins qui rend les actes de la volonté intelligibles. Une volonté purement capricieuse ne pourrait être comprise ; mais, lorsqu'une volonté poursuit un certain but, la connaissance de ce but fournit l'intelligence des moyens employés pour l'atteindre. Comment peut-on parvenir à la connaissance de ces fins? Sauf les cas rares où l'agent nous renseigne lui-même sur le but qu'il poursuit, il faut nécessairement recourir à la voie de l'hypothèse. Admettons par exemple qu'il soit établi que Charlemagne a été la cause de son couronnement, c'est-à-dire que c'est lui qui l'a voulu. Quel était son but? L'historien essaye des conjectures et cherche, dans les documents qu'il peut se procurer sur le caractère de Charlemagne et sur ses projets, des moyens de vérification. De même le passage du Rubicon par César est un fait dont César reste responsable : il l'a fait parce qu'il l'a voulu ; mais nous demandons pourquoi il l'a voulu, et ce sont les motifs qui l'ont poussé à cet acte qui nous rendent l'acte intelligible. Dans ce dernier cas, le but poursuivi est très apparent : César voulait se rendre maître de la république. Nous n'hésitons pas à penser ainsi ; et cette pensée toutefois est une hypothèse, bien que l'hypothèse soit instantanée et immédiatement confirmée.

Les hypothèses relatives aux fins n'ont pas d'emploi dans la physique spéciale. Cette science étudie la nature des phénomènes et les lois de leur succession. L'homme s'empare des connaissances ainsi acquises et les utilise en faveur de l'industrie ; il se rend maître des agents naturels dans la proportion où il les connaît. Dans un grand nombre de cas, la science se produit sous l'impulsion du besoin de connaître, et sans autre considération ; mais, dans les cas même où l'on étudie des phénomènes physiques avec l'intention d'en tirer des procédés pratiques, l'usage que l'homme fait des puissances naturelles ne peut pas être considéré comme l'intervention de la cause finale dans l'étude des phénomènes. Il est utile, par exemple, de connaître la vitesse de la propagation du son ; mais, lorsque MM. Colladon et Sturm étudiaient sur le lac de Genève le temps que les ondes sonores mettent à franchir l'espace, aucune considération relative aux fins n'intervenait dans leur étude. Les considérations de cet ordre sont pareillement étrangères aux observations et aux calculs par lesquels les physiciens cherchent à déterminer les nombres des vibrations de l'éther qui répondent à telle ou telle couleur. Dans son étude directe, le physicien se pose toujours la question du *comment* des phénomènes et non celle du *pourquoi*.

Les études biologiques se présentent dans des conditions différentes. Les êtres vivants sont des unités concrètes ; et, pour se rendre compte de leur mode d'existence, le savant se demande continuellement quel est le rapport des organes aux fonctions et le rapport des fonctions à l'entretien de la vie des individus et de l'espèce. C'est bien souvent la cause finale qui le met sur la voie de la découverte des causes efficientes. La circulation du sang, par exemple, est maintenant, à titre de cause efficiente, l'une des grandes sources des explications physiologiques. La découverte fut faite par Harvey, qui, en observant les valvules des veines, se demanda quel pouvait être le but de cette disposition des organes, et supposa que la fonction des valvules était d'empêcher le sang de refluer. Dans un cours d'anatomie comparée, fait à l'Académie de Genève, en 1863, M. le professeur Claparède posa cette question : Certains animaux possèdent-ils des sens que nous n'avons pas? Il répondit : Cela est probable, et il ajouta : « En effet, on trouve chez certains poissons, par exemple, des appareils spéciaux que l'homme ne possède pas, et qui pourraient bien être les organes de sens inconnus pour nous[1]. » On voit ici l'observation d'un appareil organique donner lieu à une supposition dirigée par l'idée de la finalité. Remarquons, en passant, que les phénomènes physiques sont classés en lumière, son, chaleur, saveur, odeur, d'après les sens qui les perçoivent, et que nous ne possédons aucun sens spécial qui nous mette en rapport direct avec l'électricité. La supposition d'une perception directe des phénomènes électriques par un sens particulier n'a rien d'impossible, et cette perception joue peut-être un rôle considérable dans l'instinct des animaux.

Lorsque Cuvier, jetant les bases de la paléontologie, réussit à reconstruire théoriquement un animal avec quelques débris trouvés dans le sein de la terre, il excita une admiration pleine de surprise. Quelle était sa découverte? Le principe de la *corrélation des formes*. Il existe un tel rapport entre l'estomac, les mâchoires, les dents et les moyens de locomotion d'un animal, que de la connaissance d'une de ces parties on peut déduire les autres. Pourquoi? Parce que l'être vivant est harmonique, et que tout en lui concourt à un but défini : l'alimentation. Il ne s'agit pas ici de soulever des questions relatives à l'origine des êtres vivants, ou de se livrer à la considération des causes finales dans un sens philosophique ; il faut constater seulement que l'idée de la finalité, c'est-à-dire du rapport des organes aux fonctions, et des fonctions à l'entretien de la vie, est le grand principe directeur des hypothèses biologiques. Comme la vie ne se manifeste que dans la matière et au moyen de toutes les lois qui président au mouvement de la matière, la biologie fait continuellement appel au mode d'explication des physiciens ; mais l'idée de la finalité, conséquence immédiate de l'harmonie qui caractérise les êtres vivants, forme le caractère distinctif des recherches spéciales à la science de la vie.

Le rôle de l'observation directe dans les études physiologiques est amoindri par le fait de la vie même, qui ne permet pas de décomposer un être organisé dans ses éléments et de le recomposer ensuite, comme cela a lieu dans les analyses et les synthèses de la chimie. Malgré toute l'habileté des vivisecteurs, il restera toujours un grand nombre de faits qui échapperont à l'observation immédiate, en sorte qu'il faudra les supposer, puis vérifier l'hypothèse dans ses conséquences.

Le but dernier de la physiologie est de découvrir les propriétés des éléments constitutifs du corps organisé. Ces propriétés sont conçues comme *fonctionnelles*, c'est-à-dire comme relatives à un certain usage. Il en résulte que les progrès de la science ne consistent jamais qu'à déterminer, d'une manière toujours plus précise, les rapports des organes aux fonctions et des fonctions à l'entretien de la vie, c'est-à-dire des rapports de finalité. On peut analyser le sang comme on analyse un corps inorganique, sans autre but que de constater sa composition : c'est l'œuvre du chimiste. Le physiologiste, partant des résultats obtenus par le chimiste, cherche le rapport des éléments du sang à la nutrition : c'est le point de vue spécial de sa science.

La considération des causes finales est étrangère, comme je l'ai dit, à la physique spéciale; mais cette considération reparaît si l'on envisage le monde inorganique comme un tout, ce qui est le point de vue de la physique entendue dans son sens le plus général, c'est-à-dire de la science totale du monde matériel. La géographie scientifique, combinée avec la météorologie, étudie les conditions de ce qu'on peut appeler la vie du globe. Laplace, embrassant dans sa pensée l'ensemble du système solaire, écrit : « Il semble que la nature ait tout disposé dans le ciel pour assurer la durée du système planétaire, par des vues semblables à celles qu'elle nous paraît suivre si admirablement sur la terre, pour la conservation des individus et la perpétuité des espèces [1]. » L'organisation générale du monde est considérée dans ces lignes comme ayant pour but d'assurer la stabilité du système. Laplace lui-même observe que cette stabilité peut n'être que provisoire, et que notre monde pourra mourir comme les espèces éteintes d'animaux et de plantes. Cette vue a été reprise par quelques modernes. En partant de la théorie mécanique de la chaleur, ils ont cherché à prévoir le mode de dissolution de l'univers actuel. M. Clausius, tout en nous rassurant au sujet de la proximité de l'événement, considère les lois des phénomènes cosmiques comme devant amener l'univers à « un état de mort persistante »[1]. Si ces vues pouvaient recevoir une confirmation sérieuse et prendre place dans les théories scientifiques, nous obtiendrions une conception biologique de l'univers matériel; nous le verrions par la pensée s'organiser, à partir de la nébuleuse primitive, et tendre à sa fin par un développement analogue à celui des êtres vivants. Mais, dans le cas même où une généralisation si haute deviendrait possible, la ligne de démarcation entre la physique et la biologie subsisterait. En effet, le monde ne nous est pas donné, de même qu'un animal ou une plante, comme un tout extérieur offert à notre observation. La naissance, la vie et la mort des êtres organisés sont des faits que nous constatons et que nous cherchons à expliquer au moyen de diverses hypothèses, tandis que la vie du monde, sa naissance et sa fin, sont des conjectures à vérifier, et non des faits constatés dont on cherche l'explication.

Les hypothèses relatives au monde physique dirigées par l'idée de la finalité franchissent inévitablement les bornes de la physique même pour aborder la question des rapports de la matière inorganique avec la vie. Si l'on fixe, par exemple, son attention sur les aurores boréales, qui paraissent le résultat de conflits électriques, et sur les

1. *Le second principe fondamental de la théorie mécanique de la chaleur* (discours prononcé au Congrès des naturalistes allemands de 1867). Voir la *Revue des cours scientifiques* du 8 février 1868.

orages électriques qui existent en permanence sur quelques points de l'équateur, on est conduit à se demander : « A quoi servent ces manifestations électriques en permanence à travers l'atmosphère? » La pensée que leur but est de purifier l'air et de maintenir, à la surface du globe, les conditions de la vie, s'offre alors à la pensée comme une hypothèse probable [1], dont l'étude de l'action de l'électricité sur l'oxygène peut offrir la vérification.

Nous avons marqué la place de l'hypothèse, soit dans les sciences de raisonnement, soit dans les sciences de faits. Cette place est si apparente qu'on peut s'étonner qu'elle ait été si souvent méconnue par les logiciens et les philosophes. Nous avons constaté la cause historique de ce phénomène intellectuel dans la lutte de l'empirisme et du rationalisme. Il est possible de jeter une lumière supplémentaire sur ce sujet, en revenant avec plus d'insistance sur des considérations d'ordre logique.

1. Voir l'*Éloge d'Auguste de La Rive* par M. Dumas, secrétaire perpétuel de l'Académie des sciences.

CHAPITRE V

ORIGINES LOGIQUES DE L'OUBLI DU ROLE DE L'HYPOTHÈSE

Dans les sciences mathématiques, les théorèmes sont démontrés immédiatement et avec certitude. Les ouvrages qui exposent les découvertes faites dans ces sciences ne renferment donc pas, comme je l'ai déjà remarqué, des hypothèses plus ou moins probables. Le théorème n'a existé à l'état de conjecture que dans la pensée du savant, et pendant un laps de temps comparativement court ; la vérification est prompte et se fait au moyen de la déduction rationnelle. Il en résulte qu'on se figure assez facilement être parvenu à la découverte de la vérité par la voie déductive qui n'a servi qu'à sa vérification. Le procédé par lequel on trouve est ainsi confondu avec le procédé par lequel on prouve. Ces deux mots : *prouver* et *trouver*, expriment pourtant des opérations de la pensée parfaitement distinctes.

Dans le dialogue de Platon intitulé *Ménon*, Socrate veut montrer, par l'exemple d'un jeune esclave auquel il s'adresse, que tout homme sait naturellement la géométrie, et qu'il suffit d'appeler un individu quelconque à réfléchir pour l'amener à découvrir par lui-même les théorèmes de cette science. Il pose la question de la ligne sur laquelle il faut construire un carré, pour obtenir une surface double de celle d'un autre carré. L'esclave affirme d'abord que la ligne double donnera une surface double, et Socrate l'amène facilement, par le simple emploi de l'observation et de la réflexion, à reconnaître son erreur, et à voir que le carré fait sur la ligne double donnera un espace quadruple. Jusque-là, la démonstration tentée est valable, ou à peu près. Mais il suffit de suivre avec attention le reste de l'entretien, pour constater que l'esclave, à moins de lui supposer le génie de Pascal, n'aurait jamais trouvé de lui-même, ni l'idée que le diamètre du carré est la ligne qui donnera une surface double, ni la construction qu'on lui indique pour rendre cette vérité sensible. Socrate enseigne ce qu'il sait, et ce qu'il sait pour l'avoir appris. Lorsqu'il fait dire à Ménon que l'esclave « a toujours parlé de lui-même » et n'a énoncé que « des opinions qui étaient en lui » [1], il se trompe assurément et confond ce que l'esclave a reconnu, en étant guidé par un maître, et ce qu'il aurait pu trouver par lui-même.

C'est ainsi que, dans les sciences mathématiques, la démonstration fait oublier l'hypothèse nécessaire pour poser la thèse à démontrer. La vérification expérimentale produit dans les sciences de faits une illusion de même nature. Un savant fait une expérience qui permet d'observer directement un phénomène; on oublie que la constatation expérimentale n'est venue qu'après la supposition qu'elle avait pour but de vérifier. Il est facile d'établir que le son résulte des vibrations de l'air atmosphérique, et l'on peut croire que cette vérité a été le résultat immédiat et direct des observations et des expériences par lesquelles on la démontre aujourd'hui. Il n'en est rien. Au XVIe siècle encore, on rencontre des savants qui considéraient la *sonorité* comme une propriété spéciale, comme une sorte d'existence en soi. Otto de Guericke, à l'aide de la machine pneumatique qu'il avait inventée, prouva que le son ne se communique pas dans le vide. On admit dès lors, sans contestation, la vérité de l'hypothèse fort ancienne, puisqu'on la trouve déjà dans Sénèque [1], qui cherche la cause du son dans un mouvement de l'air. Si la nature du son est aujourd'hui chose jugée pour nos physiciens, il n'en est pas tout à fait de même de la nature de la lumière. Bien que la théorie des ondulations ait une probabilité qui touche à la certitude, les esprits prudents ne méconnaissent pas son caractère hypothétique. Mais elle approche d'un degré de vérification expérimentale si complet qu'on pourra croire un jour, par une illusion analogue à celle que j'ai signalée pour la théorie des glaciers, qu'elle a été le résultat direct de l'observation.

La comète de Biela, découverte en 1826, a été remplacée, en 1846, à l'époque où l'on attendait son retour, par deux comètes voisines; en 1852, par deux comètes plus éloignées l'une de l'autre; et enfin, dans la nuit du 27 au 28 novembre 1872, par une averse d'étoiles filantes. Ce résultat de l'observation peut être énoncé ainsi : On a vu la comète simple, puis la comète brisée en deux parties, puis la comète résolue en une multitude de fragments. Cet énoncé, qui ramènerait tout à l'observation seule, ne serait pas exact. En réalité, on a vu un corps en 1826, deux corps en 1846 et en 1852, une multitude de corps en 1872, et l'on a supposé que les corps multiples étaient le produit de la désagrégation du corps unique observé au début. Pour constater, en ce cas, l'élément d'hypothèse, il suffit de savoir que, le 4 mars 1872, l'astronome Donati, de Florence, annonçait, *à titre de supposition*, la venue des étoiles filantes de 1872, dont l'apparition a confirmé sa conjecture [1]. En prenant l'histoire des découvertes à la source dans les textes originaux, on arriverait à saisir, sous la forme conjecturale qui a été nécessairement leur forme primitive, les vérités expérimentales les plus solidement établies aujourd'hui.

L'hypothèse a donc sa place nécessaire dans toutes les sciences, entre l'observation et la vérification. Il y a plus : elle intervient dans l'observation même et dans la vérification.

1. Archives des sciences physiques et naturelles de la *Bibliothèque universelle*, 15 janvier 1873.

CHAPITRE VI

L'HYPOTHÈSE DANS L'OBSERVATION

Les annales de la science renferment le récit de découvertes fortuites. Les alchimistes dans leurs travaux ont rencontré des corps nouveaux auxquels ils ne pensaient point. On peut trouver des fossiles en creusant un puits; une plante nouvelle se rencontre sous les pas d'un voyageur. Il arrive aussi qu'un savant, en suivant une recherche, peut découvrir une chose qu'il ne cherchait pas. C'est ainsi que Scheele a découvert le chlore, dont il ne soupçonnait pas l'existence, en travaillant à isoler le manganèse. C'est ainsi encore que Claude Bernard, en instituant des expériences pour constater un organe destructeur du sucre dans les animaux, a été conduit à constater que le foie est un organe producteur du sucre [1]. Il existe donc des découvertes qui sont le résultat d'une observation directe. L'observation suscite l'hypothèse dans l'esprit du savant, et l'hypothèse provoque des observations nou-

1. *Introduction à l'étude de la médecine expérimentale*, p. 287.

velles. Il s'agit ici d'une affaire de proportion, et je ne pense pas exagérer en disant que les observations dirigées par des hypothèses sont aux observations pures et simples, au moins comme cent est à un. Le monde est immense, et il faut savoir où regarder, sous peine de se perdre dans une vague et stérile contemplation. On observe presque toujours en vue de théories préconçues qu'on veut confirmer ou détruire. Pour les esprits cultivés, la connaissance des faits ne devient véritablement intéressante que lorsqu'elle révèle une idée, et manifeste l'harmonie de la nature et de la pensée. Les hypothèses, même lorsqu'elles sont fausses, peuvent être utiles, pourvu qu'elles aient un fond sérieux, parce qu'elles provoquent les recherches. La physique contemporaine est dominée par la théorie de la constance de la force : c'est une hypothèse grandiose, qui, par sa nature même, n'est pas absolument vérifiable, mais qui fait supposer, observer, vérifier une multitude de suppositions de détail. Les grandes hypothèses que Descartes prenait à tort pour des théories *à priori* ont été détruites en partie ; mais, avant d'être détruites, elles ont provoqué une multitude d'observations et contribué puissamment aux progrès de la science. Il est hors de doute, par exemple, que sa physiologie, malgré les erreurs qu'elle renferme, a eu de très utiles résultats, en donnant l'impulsion à tout l'ensemble des observations et des expériences qui ont établi le rôle des forces physico-chimiques dans les fonctions de l'organisme.

Considérons une science très spécialement expérimentale, la géographie. L'observation pure y a sa place. Pour constater les sources d'un fleuve, le plus simple sans doute, lorsqu'on le peut, est de suivre son cours en le remontant. Pour reconnaître une île, le meilleur procédé est d'en faire le tour. Cependant, que l'on ouvre les voyages des explorateurs modernes, ceux de Livingstone, en Afrique, par exemple, celui d'Agassiz au Brésil, et que l'on cherche à faire la part des faits géographiques qui ont été observés directement, sans aucune idée préconçue, et de ceux qui ont été observés pour justifier ou détruire une conjecture : on verra que cette seconde partie est de beaucoup la plus considérable. Les navigateurs de l'océan Pacifique ont rencontré plus d'une fois des îles qu'ils ne cherchaient pas, mais Colomb a découvert l'Amérique en s'embarquant sur la foi d'une idée.

Le 13 mars 1781, William Herschell vit une étoile nouvelle pour lui dans la constellation des Gémeaux : c'était une observation pure, une découverte fortuite. D'autres astronomes avaient vu cet astre et s'étaient arrêtés à cette simple vue. Herschell ne s'en tient pas là. Il observe la nature de sa lumière, son grossissement au télescope, et conclut que ce n'est pas une étoile fixe. L'astre change de place ; il suppose que c'est une comète. Les observations subséquentes ne justifient pas cette conjecture. Il essaye alors la supposition d'une planète se mouvant selon un orbite presque circulaire. Cette fois, les observations répondent aux calculs faits sur cette base, et la planète Uranus est découverte. On voit dans cet exemple, au début l'observation pure qui resterait inféconde, puis l'observation dirigée par deux hypothèses successives, la première fausse, la seconde juste.

Non seulement l'hypothèse dirige les observations, mais elle agit sur l'élément primitif de toute observation extérieure : la perception sensible. Dans un grand nombre de cas, on ne voit distinctement que ce qu'on a supposé. Après avoir fait une supposition juste, on perçoit ce qu'on ne percevait pas auparavant. Des sommités du mont Salève, on peut, au moyen d'un bon télescope, lire l'écriteau d'une auberge à Bonneville [1]. J'ai remarqué, plus d'une fois, que ceux qui tentent cette lecture hésitent assez longtemps ; puis, à un moment donné, lorsqu'ils ont fait la supposition juste, ils discernent très nettement les lettres dont ils n'avaient eu jusqu'alors qu'une perception confuse. Il serait facile de multiplier ces exemples et de montrer à quel point la perception varie en raison des suppositions vraies ou fausses faites sur les objets qu'on regarde ou sur les sons qu'on écoute.

Ces différences relatives aux choses qu'on perçoit existent pareillement quant aux choses qu'on remarque. De Saussure avait considéré avec beaucoup d'attention les blocs erratiques, et il continuait à admettre leur transport par les eaux. Un savant moderne, placé sous l'influence de l'hypothèse du transport par les glaciers, ayant le même objet peint sur sa rétine que celui qui se peignait sur la rétine de de Saussure, et doué d'un talent d'observation moindre que le sien, constate sur ces blocs des particularités que le grand naturaliste n'y remarquait pas.

L'action de l'hypothèse sur l'observation est si grande, qu'en l'absence d'une supposition vraie, ou sous l'influence

1. Chef-lieu du Faucigny, à 20 kilomètres environ du Salève.

d'une supposition fausse, on peut tenir un fait sous la main et le méconnaître. Priestley, ayant obtenu de l'oxygène à l'état pur, le prit momentanément pour de l'acide carbonique [1]. Cette erreur, qui étonne les chimistes de nos jours, provenait de ce que Priestley était placé sous l'influence de la théorie fausse du phlogistique, à laquelle il demeura toujours attaché. Daguerre, ayant sous les yeux le résultat de l'action du mercure sur des plaques dont il s'était servi pour ses expériences, méconnut la nature du fait, jusqu'à ce que la *supposition* que c'était le mercure qui produisait l'image s'offrît à sa pensée [2]. Les théories de Lavoisier furent plus vite acceptées par les mathématiciens, les physiciens et les astronomes que par les chimistes. Il faut faire la part des rivalités d'amour-propre chez les savants de la même classe ; mais, cette part faite, il résulte pourtant de cet exemple instructif que les vues justes dans la science ne sont pas en proportion de la masse des faits connus : l'observation ne vaut que dans la mesure où elle est fécondée par la pensée du savant.

Les hommes qui se considèrent comme de purs observateurs sont dirigés dans le choix de leurs observations par le courant général de la science de leur époque. Or ce courant de la science a été déterminé par l'action des initiateurs, c'est-à-dire par les auteurs de conjectures à vérifier. Les purs observateurs peuvent faire peu ou très peu d'hypothèses individuelles, mais ils travaillent sous l'influence des hypothèses d'autrui ; ce sont des vérifica-

1. Hœfer, *La chimie enseignée par la biographie de ses fondateurs*, p. 153 et 154.
2. Liebig, *Le développement des idées dans les sciences naturelles*, p. 35.

teurs. Leur œuvre, du reste, pour avoir moins d'éclat que celle des inventeurs, n'est pas moins estimable et moins nécessaire.

Après avoir reconnu la place de l'hypothèse dans l'observation, considérons maintenant la manière dont elle intervient dans la vérification.

CHAPITRE VII

L'HYPOTHÈSE DANS LA VÉRIFICATION

Une vérité mathématique étant conçue, il s'agit, pour la démontrer, de la rattacher par un lien logique aux vérités antérieurement établies. Cette vérification de l'hypothèse renferme elle-même un nouvel élément hypothétique. Un étudiant est examiné sur la géométrie. On lui donne un théorème à démontrer ; il faut qu'il en indique la démonstration. Dans le cas le plus ordinaire, il cherchera à retrouver dans sa mémoire l'enseignement de son professeur. Supposons que sa mémoire fasse défaut, ou qu'on l'appelle à démontrer un théorème qui n'était pas compris dans le champ de l'enseignement qu'il a reçu. Il est possible qu'il invente la démonstration, mais son invention ne sera justifiée que lorsqu'il en aura constaté la valeur. Je me rappelle, à l'époque de mes études, avoir inventé un jour, pour un théorème de géométrie élémentaire, une preuve nouvelle qui me paraissait avoir de grands avantages. Je me rendis chez un de mes professeurs pour lui communiquer ma découverte. Le professeur heureusement ne se trouva pas chez lui, et j'eus le loisir de constater par moi-même, après une nouvelle étude, que ma démonstration était fausse. J'avais fait une hypothèse portant, non sur une vérité nouvelle, mais sur un mode nouveau de vérification d'une vérité déjà établie. Il se trouvait seulement que je n'avais pas le génie de Pascal et que mon hypothèse n'était pas bonne.

Dans les sciences expérimentales, la plupart des observations sont, comme je l'ai dit, des vérifications d'hypothèses ; il en est de même et à plus forte raison des expériences. Des expériences faites au hasard, et sans une idée préconçue, seraient une espèce de jeu dont la science ne saurait attendre aucun résultat sérieux. « On ne fait jamais d'expériences que pour voir et pour prouver, c'est-à-dire pour contrôler et vérifier, » dit M. Claude Bernard [1]. Le volume dont ces lignes sont extraites renferme en grand nombre les preuves de l'affirmation de l'auteur. Il est donc bien établi que les expériences supposent les hypothèses qu'elles ont pour but de vérifier ; mais ce n'est pas tout : il existe un élément hypothétique dans le choix même des expériences. Foucault, par exemple, a supposé que, par le moyen d'un pendule installé dans de certaines conditions, il pourrait rendre sensible le mouvement de rotation de la terre. Si son expérience avait manqué, il n'aurait pas abandonné, sans doute, la théorie de Kopernik ; mais il aurait reconnu seulement que le procédé qu'il avait imaginé pour la vérifier n'aboutissait pas. L'hypothèse, qui se serait trouvée sans valeur, ne portait

1. *Introduction à l'étude de la médecine expérimentale*, p. 384.

donc pas sur la théorie même, mais sur un des modes de sa confirmation. On dit quelquefois que le pendule de Foucault fait du mouvement de la terre l'objet d'une perception immédiate ; c'est une erreur. On produit un phénomène dont le mouvement de la terre se trouve la meilleure explication ; mais les adversaires de la théorie de Kopernik, s'il en existait encore, trouveraient assurément quelque autre moyen d'expliquer le phénomène.

En 1772, Lavoisier « *commença à soupçonner* (ce sont ses propres expressions) qu'un fluide élastique contenu dans l'air était susceptible de se combiner avec les métaux [1]. » Pour confirmer son soupçon, il institua un certain nombre d'expériences. Les premières ne réussirent pas, et ce ne fut qu'après un temps assez long que, en s'aidant des travaux de Priestley, il obtint l'oxygène. Dans le moment où il faisait des expériences qui ne réussissaient pas, il cherchait à vérifier une hypothèse juste ; mais il faisait de fausses hypothèses qui portaient sur le mode de vérification. Il pensait : « Par tel ou tel procédé, j'obtiendrai le fluide élastique qui se combine avec les métaux. » Le fluide élastique existait, mais les procédés imaginés pour l'obtenir étaient défectueux.

1. Hœfer, *La chimie enseignée par la biographie de ses fondateurs*, p. 76.

CONCLUSION

Je puis maintenant conclure, en reproduisant mon affirmation initiale, que, dans tous nos ordres de recherches, la méthode se compose de trois éléments : observation, supposition, vérification. et que les tentatives faites pour la réduire au monisme ou au dualisme ne supportent pas un examen sérieux. Les trois éléments de la méthode sont distincts mais inséparables. L'hypothèse intervient dans l'observation et la vérification. L'observation intervient dans l'hypothèse, dont elle forme le point de départ, et dans la vérification, dont elle est la substance. La vérification enfin est inséparable de l'observation, qui est son instrument, et de l'hypothèse, qu'elle a pour but de détruire ou de confirmer. Nous sommes obligés, dans notre analyse, d'isoler les trois éléments ; mais en réalité ils se trouvent contenus l'un dans l'autre et demeurent distincts sans être séparés. La méthode est donc triple dans son unité et une dans sa triplicité.

Si les considérations qui précèdent sont fondées, on a longtemps négligé, et l'on néglige souvent encore dans l'enseignement ordinaire de la logique et dans les traités sur l'origine de la connaissance, de faire sa place légitime au principe producteur de la science : la faculté d'invention, qui constitue le fait essentiellement personnel du génie. La spontanéité de la pensée individuelle est méconnue ; elle se trouve étouffée par les éléments impersonnels de l'expérience et de la raison. Rétablir la place et la valeur de l'individualité scientifique, c'est déposer dans le sol de la pensée un germe dont le développement produira des fruits abondants de vérité. Les historiens futurs de la philosophie s'étonneront probablement un jour de la grave lacune que présentent nos théories de la méthode. La tentative d'expliquer l'origine de la connaissance humaine sans faire la place de l'hypothèse leur paraîtra semblable à celle d'un savant qui voudrait expliquer la marche d'une montre en oubliant le ressort, ou le mouvement d'une locomotive sans faire mention de la vapeur.

La proscription de l'hypothèse a été, en partie, le résultat d'une réaction légitime mais excessive contre l'abus des simples conjectures, des théories sans fondements sérieux qui ont trop souvent encombré le sol de la science. L'abus s'est produit, en effet, et appelle à étudier les conditions qui rendent les hypothèses sérieuses et véritablement fécondes.

DEUXIÈME PARTIE

CONDITIONS DES HYPOTHÈSES SÉRIEUSES

Le principe actif des découvertes est un acte spontané de la pensée, qui intervient entre l'observation et le raisonnement, et complète les manifestations de la puissance intellectuelle. Ce principe producteur de la science doit être dirigé pour être fécond. La vapeur d'eau qui s'élève des foyers d'une grande ville, à l'heure où les ménagères et les chefs de cuisine préparent le repas des habitants, est une force énorme, mais elle se dissipe en nuages légers qui ne produisent pas d'effet appréciable. Pour devenir une force utile au service de l'homme, il faut que la vapeur soit contenue dans des appareils déterminés. La faculté de conjecturer réclame également certaines conditions pour devenir la force motrice du développement scientifique. Nous examinerons successivement ces conditions dans l'hypothèse elle-même, dans l'individu qui la conçoit, et enfin dans l'état général de la science.

CHAPITRE PREMIER

L'HYPOTHÈSE EN ELLE-MÊME

La première condition qu'une hypothèse doit réaliser est d'être possible. La valeur d'une machine est déterminée par des essais pratiques ; on peut cependant, avant tout essai, lui reconnaître un défaut qui la rend impropre à sa destination. De même, le contrôle régulier d'une hypothèse se trouve dans l'examen des explications qu'elle fournit ; il peut arriver cependant qu'en la considérant en elle-même, et avant toute déduction de ses conséquences, on puisse constater qu'elle est inadmissible.

1° Hypothèses contraires a la raison.

Nous avons à examiner, en premier lieu, le cas d'un énoncé qui se trouve contraire aux données immédiates de la raison, ou à des vérités dûment démontrées. Les historiens de l'antiquité rapportent qu'Anaxagore, dans la prison où les Athéniens l'avaient enfermé, cherchait à résoudre le problème de la quadrature du cercle, c'est-à-dire à trouver une formule pour établir l'équivalence de la surface du cercle et de celle du carré. On s'est livré dès lors à des recherches nombreuses pour découvrir cette formule; et il est maintenant démontré que le rapport cherché est tel qu'on peut en approcher indéfiniment, sans qu'il soit possible de l'établir avec une précision absolue. L'Académie des sciences a décidé qu'elle ne recevrait plus de mémoires sur ce sujet. Cette décision est parfaitement justifiée, car, s'il est mathématiquement établi que le rapport du cercle et du carré ne peut être l'objet d'une formule absolue, les tentatives faites pour établir une telle formule sont des hypothèses contraires aux lois de la raison, et dès lors impossibles. Autre exemple : L'inertie de la matière étant admise, on démontre, en mécanique rationnelle, que la recherche du mouvement perpétuel est illusoire, c'est-à-dire qu'on ne saurait trouver une machine qui soit un moteur, qui crée une force qui résulterait de son action même [1]. Cela étant admis, la recherche du mouvement perpétuel appartient au domaine des suppositions impossibles, parce qu'elles sont irrationnelles.

On peut faire rentrer, à bon droit, dans la catégorie des hypothèses irrationnelles, l'affirmation de l'*identité* de la pensée et des phénomènes physiologiques. Cette affirmation se produit sous deux formes diverses. On considère la pensée (je prends ici le mot dans son sens le plus général, où il désigne l'ensemble des faits psychiques) comme une matière spéciale ; c'est ce qui résulterait de cette parole connue de Cabanis : « le cerveau sécrète la pensée, »

1. Voir Helmholtz, *Mémoire sur la conservation de la force*, p. 16.

puisque le produit d'une sécrétion est une substance particulière tirée de la masse des fluides nourriciers du corps. Ou bien, on considère la pensée, non pas comme une matière spéciale, mais comme un mouvement spécial de la matière. C'est ainsi que M. Moleschott écrit : « La pensée est un mouvement [1]. » Sous l'une ou l'autre de ces deux formes, on affirme l'identité des phénomènes physiologiques et des phénomènes psychologiques. Comment entreprend-on de démontrer la thèse ? En établissant, ce qui est facile, les rapports continuels et intimes des phénomènes de l'âme avec les phénomènes du corps. Comment peut-on établir ces rapports? En usant alternativement de deux modes de constatation divers, qui portent sur deux sortes de phénomènes irréductibles. Le rapport ne peut donc être établi sans qu'on mette en évidence, par le procédé même qui sert à l'établir, la diversité des éléments dont on signale l'harmonie. Lorsqu'on conclut, de rapports qui supposent la diversité, à l'identité qui en est la négation, on tombe dans une contradiction logique. Pour faire entendre la portée de cet argument, je prendrai un point de comparaison. Un certain nombre de savants contemporains affirment l'identité des phénomènes physiques et des phénomènes vitaux, c'est-à-dire la production des organismes et leur développement par le seul jeu des forces physiques. Dans l'état actuel des observations, l'hypothèse est hardie ; mais, si l'on considère la vie à l'état simple, c'est-à-dire à l'exclusion de tout élément psychique, l'hypothèse n'est pas impossible, puisqu'il s'agit

1. *La circulation de la vie*, tome II, p. 178.

seulement des transformations du mouvement. La question est de savoir si des agrégats purement matériels qui, dans certaines conditions, forment un cristal, peuvent, dans d'autres conditions, former une plante ou le corps d'un animal. C'est à l'étude attentive des faits à prononcer, et l'on ne saurait opposer à la thèse qui ramène la biologie à la physique aucune objection solide fondée sur les lois de la pensée et les données de la raison. Aussi longtemps que l'on demeure dans la considération exclusive du mouvement, toute transformation du mouvement est théoriquement admissible. L'hypothèse de l'identité des phénomènes matériels et de la pensée est d'une autre nature. Dans le cours de ces dernières années, deux savants connus ont rappelé fort à propos cette vérité élémentaire. M. Robert Mayer, s'adressant au Congrès des naturalistes allemands réunis à Inspruck en 1869, faisait observer qu'identifier la pensée à ses conditions matérielles est une erreur analogue à celle d'un homme qui, rendant compte des actions physico-chimiques qui se produisent dans les fils du télégraphe, croirait avoir expliqué le contenu intellectuel d'une dépêche [1]. M. du Bois-Reymond s'adressant, cinq ans plus tard, aux membres du Congrès de Leipzick, signalait avec beaucoup de force et de clarté « l'abîme infranchissable » qui sépare des phénomènes de la matière, non seulement les manifestations supérieures de la pensée, mais la plus simple des sensations, le plus élémentaire des faits de l'ordre spirituel [2]. La diversité des

1. *Revue des cours scientifiques* du 22 janvier 1870.
2. Discours sur les bornes de la philosophie naturelle, contenu dans la *Revue scientifique* du 10 octobre 1874.

deux ordres est contenue, je le répète, dans la démonstration de leurs rapports, et conclure de ces rapports qui supposent la différence à l'identité est un paralogisme. L'hypothèse matérialiste, sous la forme où je l'ai indiquée, peut donc être rejetée, sans autre examen, comme impossible en soi. Quant à l'affirmation des savants qui, comme M. du Bois-Reymond par exemple, après avoir reconnu et proclamé la diversité essentielle des phénomènes de la matière et des manifestations de l'esprit, affirment que le mécanisme de la matière produit la pensée, c'est une thèse philosophique que je n'ai pas à examiner ici. Il me suffit de faire observer que cette thèse de la production de l'ordre spirituel par l'ordre matériel est absolument différente, au point de vue logique, de la thèse de l'identité des deux ordres, qui est une hypothèse impossible.

2° Hypothèses contraires a l'expérience.

Il est des propositions qui, sans être contraires aux lois de la raison, sont contraires à des lois d'expérience si solidement établies, qu'on les rejette sans examen. Telle serait, par exemple, la pensée d'un naturaliste qui, par une distraction étrange, voudrait expliquer certains phénomènes par les effets actuels de la gelée dans les régions tropicales. Un esprit inventif a proposé d'utiliser le mouvement de rotation de la terre comme moyen de locomotion. Il voulait qu'on s'élevât en ballon, à une grande hauteur au-dessus de l'action des vents. Le ballon restant immobile dans cette atmosphère calme, il ne s'agirait plus que d'attendre le moment où la terre, en tournant, présenterait le pays où l'on désirerait se rendre et où l'on descendrait. On pourrait voyager ainsi avec une rapidité qui laisserait à une grande distance celle des chemins de fer les plus rapides. Quel est le défaut de cette invention romanesque? Son auteur, s'il était sérieux (ce dont il est permis de douter), oubliait que l'atmosphère participe au mouvement de rotation du globe terrestre, c'est-à-dire qu'il se mettait en contradiction avec une vérité expérimentale solidement établie [1].

Il existe donc des hypothèses que l'on peut légitimement écarter; mais on doit user de beaucoup de précautions, avant d'opposer à la réalité possible d'une découverte une fin de non-recevoir tirée de considérations expérimentales. Un énoncé qui contredit les lois de la raison est exclu de plein droit des cadres de la science, puisque la science n'a de valeur que celle que la raison lui donne; mais les théories expérimentales ne doivent jamais être admises que sous bénéfice d'inventaire, et l'on oppose souvent à des faits réels une science prétendue qui n'est autre chose que l'habitude d'esprits imbus de fausses doctrines. On sait par exemple qu'une tradition fort ancienne, puisqu'on la rencontre déjà dans le livre de Josué, parle de pierres tombées du ciel. La présence des pierres auxquelles on attribue cette origine est un fait incontestable; mais, pendant longtemps, les savants ont considéré leur chute du ciel comme une hypothèse impossible et ont relégué cette croyance dans le rang des superstitions populaires. En 1794, cependant, un savant italien constata la réalité du fait. En 1803, le fait fut constaté de

1. Guillemin, *Le ciel*, p. 132.

nouveau, en Normandie, par des témoins dignes de foi ; et, de nos jours, non seulement l'existence des aérolithes n'est plus contestée, mais cette existence joue un rôle considérable dans les théories des astronomes, puisque quelques-uns cherchent dans l'action de ces corps la cause de l'entretien de la chaleur du soleil. Il me semble avoir lu quelque part ou entendu, mais je ne suis pas sûr de la réalité du fait, qu'à la fin du siècle dernier l'Académie des sciences de Paris avait décidé de ne plus recevoir aucun mémoire sur les pierres tombées du ciel. Cette décision, rapprochée de celle qui concernait la quadrature du cercle, est fort instructive. Dans l'un des cas, on exclut une hypothèse parce qu'elle est contraire aux lois de la raison, et cet arrêt sans doute ne sera jamais réformé ; dans l'autre cas, on exclut une hypothèse jugée impossible, sous l'influence de certaines idées expérimentales qui étaient fausses.

Il arrive quelquefois que l'on prétend exclure de la science, au nom des lois de la nature que l'on pense connaître assez pour cela, non seulement des théories, mais des faits que l'on ne veut pas même prendre la peine de constater. Je me rappelle avoir entendu un homme fort instruit, et dont la valeur scientifique était réelle, dire, en parlant de phénomènes plus ou moins mystérieux de l'ordre physiologique : « Quand j'aurais vu cela de mes propres yeux, je ne le croirais pas. » C'est méconnaître les droits de l'expérience, qui prime toute théorie. La raison doit rectifier les jugements erronés qui se forment à l'occasion des perceptions sensibles, et nous empêcher, par exemple, de donner un pied de diamètre au soleil; mais aucun raisonnement ne doit prévaloir contre une perception personnelle ou contre un témoignage valable qui affirme la réalité d'une perception. La seule exception à faire concerne les cas d'hallucination. Un homme habitué aux recherches psychologiques était près de la mort et le savait. Il voyait au pied de son lit des affiches de spectacles peu sérieux auxquels il avait assisté dans sa jeunesse. Il se plaignit à ses enfants de ce qu'on plaçait de tels objets sous ses regards, dans le moment solennel où il se trouvait. On réussit à le convaincre qu'il était victime d'une hallucination, et cette conviction détruisit pour lui la valeur d'une perception fausse, qui continuait toutefois à se produire. La foi au témoignage d'autrui était ici le remède à un désordre mental, et c'est le seul remède applicable à un désordre de cette espèce. Les cas de cette nature exceptés, toute perception fait loi, et on ne saurait lui opposer légitimement des préjugés scientifiques que l'on confond trop souvent avec la raison.

Ce qui explique, et justifie en quelque mesure, les décisions tranchantes de certains savants sur l'impossibilité de tel ou tel fait, c'est la masse énorme d'affirmations portant sur des choses extraordinaires qui ont été démontrées fausses par un examen attentif. L'homme qui voudrait appliquer à la rigueur la loi scientifique qui affirme qu'un fait bien constaté prime toute théorie, et qui chercherait à vérifier par lui-même tout ce que disent les amis du merveilleux, les spirites, les directeurs de somnambules, risquerait fort de consumer sa force et son temps en démarches inutiles, et de finir sa carrière en répétant avec le poète Musset :

J'ai perdu ma force et ma vie.

L'amour du merveilleux n'est pas le seul adversaire de la science; on doit aussi malheureusement compter avec la fraude. Il faut avoir l'esprit ouvert à l'examen de toute réalité ; mais, lorsqu'on a été trompé, on devient naturellement circonspect. Une femme somnambule, reçue dans les hôpitaux de Paris, vomissait du sang. Dans ses crises somnambuliques, elle annonçait, avec une précision extraordinaire, l'époque et la quantité de ses vomissements. Le fait fut constaté, avec grande surprise, par quelques médecins. Cette femme mourut. Avant de mourir, elle avoua à une sœur de charité qu'elle avalait en cachette une certaine quantité de sang de bœuf qu'elle rejetait ensuite, et elle la pria de transmettre cette confession à ceux qu'elle avait trompés. Je cite l'anecdote, telle que je l'ai recueillie de la bouche du docteur Herpin. Un fait analogue s'est produit en Hollande, il y a quelques années. Une femme, dans les environs de Delft, prétendait ne prendre aucune nourriture. On la visitait par curiosité, et les curieux lui donnaient de l'argent. Un médecin la fit surveiller pendant un certain temps ; et, n'ayant pu constater l'introduction d'aucune nourriture dans la chambre de la malade, il lui acheta le droit de faire, après sa mort, l'autopsie de son corps, moyennant une rente viagère de 150 florins par an. La femme mourut, et le médecin trouva de la nourriture dans l'estomac du cadavre qu'il avait acquis. Une recherche attentive fit découvrir un trou caché par les rideaux du lit, et qui servait à introduire des aliments. Le fait m'a été rapporté par une personne qui avait visité *la femme qui ne mangeait pas*. J'ai eu connaissance plus directement encore du fait suivant.

Une somnambule arrive à Genève, sous la conduite de son magnétiseur. Elle avait, disait-on, la faculté de lire des caractères écrits qu'on lui plaçait sur le creux de l'estomac. Les docteurs Théodore Maunoir et Marc D'Espine, hommes exempts à la fois de toute crédulité et de ces préjugés négatifs qui sont une crédulité retournée, estimèrent qu'il valait la peine de vérifier le fait, que l'on affirmait avec insistance. On les prévint, un soir, que la somnambule était en état lucide. Le docteur D'Espine écrivit quelques mots, dans son cabinet, sur un papier qu'il plia et mit dans sa poche, sans en donner connaissance à personne ; puis il se rendit avec son ami au lieu qu'on leur avait indiqué. La chambre de la somnambule était complètement obscure ; le papier fut placé selon les indications données, et, après un laps de temps assez considérable, la somnambule lut, par une série d'efforts qui paraissaient pénibles, les caractères écrits. Cette observation paraissait entourée de garanties assez sérieuses, mais voici ce qui advint. L'appartement au-dessous de celui qu'occupait la somnambule était inhabité. Un voisin, informé de ce qui se passait, observa que lorsque la somnambule présentait ses phénomènes extraordinaires, ou, selon l'expression dont elle usait, *avait ses lumières*, on voyait en effet des lumières matérielles dans l'appartement inhabité. On est arrivé, en partant de cette observation, à la conjecture plausible que la somnambule lisait sous ses couvertures au moyen d'une étincelle électrique obtenue par une pile disposée dans l'appartement au-dessous du sien. Je ne me rappelle pas si la chose a été vérifiée avec certitude, mais, dans tous les cas, le soupçon fut assez fort pour invalider l'observation faite.

Aux fraudes qui peuvent avoir un but intéressé s'en joignent d'autres dont la vanité est la source. Sous l'empire de ce sentiment, les malades qui présentent des phénomènes rares, les femmes surtout, sont fort enclins à mêler des éléments fictifs à ceux de la réalité. On comprend que des hommes sérieux, lorsqu'ils ont été gravement trompés, ou savent de science certaine que d'autres l'ont été, répugnent à l'examen des phénomènes extraordinaires qu'on leur signale. Le rejet à titre d'hypothèses impossibles de faits contraires aux lois connues de la nature est une règle de prudence bonne pour la pratique ; mais, en théorie, un fait bien constaté prévaut contre toutes les lois de la science, et il faut être très retenu dans le jugement qui suppose que les lois de la nature nous sont si bien connues qu'elles peuvent prévaloir contre des témoignages sérieux. Il y a ici une question de proportion entre le caractère invraisemblable d'un fait et la valeur des indices qui tendent à l'établir. J'éclaircirai ceci par un exemple :

On a souvent affirmé que la volonté peut produire un mouvement sans l'intervention directe de l'action musculaire : je parle des expériences qui ont été à la fois illustrées et compromises par les tourneurs de tables. Le fait, s'il est exact, est en contradiction avec l'ensemble des phénomènes observés. S'il n'est affirmé que par des hommes incompétents et manifestement enclins à la superstition, le savant qui refuse d'en prendre connaissance obéit à une règle de conduite pratiquement justifiable. Mais voici qu'un homme sérieux, M. Crookes, qui s'est fait un nom dans la chimie par la découverte d'un nouveau métal (le *talium*) et qui a publié des observations très remarquées sur l'action mécanique de la lumière, appelle l'attention du monde savant sur les faits de cet ordre [1]. Son autorité sans doute est très insuffisante pour faire admettre que ces faits sont réels ; mais son opinion constitue un indice assez sérieux pour appeler l'examen d'une science impartiale. Tout *à priori* que l'on voudrait faire intervenir dans le débat serait nul de plein droit. Le fait n'est pas théoriquement impossible. S'il était dûment constaté, il faudrait l'admettre, lors même qu'on n'entreverrait aucun moyen de l'expliquer. Du reste, un moyen d'explication est ici non seulement possible, mais facile à entrevoir. Où gît, en effet, la difficulté ? Tout le monde admettra sans peine que les actes de la volonté, avant d'être manifestés par les mouvements musculaires, se traduisent par un mouvement quelconque dans l'intérieur de l'encéphale. Dans l'ordre habituel des choses, ce mouvement primitif passe du centre aux nerfs, des nerfs aux muscles, et des muscles aux objets extérieurs. Il est certain que c'est ainsi que dans la règle, telle qu'elle nous est connue, l'homme intervient en qualité de puissance motrice. S'il fallait admettre que le mouvement primitif par lequel la volonté entre en contact avec le monde corporel se transmet à des corps placés à distance, et sans aucun intermédiaire, la difficulté serait grande. Newton considérait la pensée qu'un corps puisse agir sur un autre

1. *Experimental investigations on Psychic force*, by William Crookes. London, 1871. — *Psychic force and modern spiritualism*, by Williams Crookes. London, 1872.

à distance et sans intermédiaire comme une absurdité si énorme qu'elle ne saurait être admise « par personne capable de raisonnement philosophique »[1]. Je crois, comme le grand astronome, que la transmission du mouvement au contact est seule intelligible, et que la négation de tout autre mode de transmission devient, dans un esprit scientifiquement cultivé, une sorte d'instinct; mais le fait de l'action extra-musculaire de la volonté pourrait s'expliquer, sans qu'il fût nécessaire de recourir à l'idée d'une action à distance. Le souffle de notre bouche peut mettre un corps léger en mouvement au moyen de l'air atmosphérique, et sans le contact immédiat de nos muscles. La matière éthérée à l'aide de laquelle nos physiciens expliquent la lumière et la chaleur pourrait être de même l'intermédiaire subtil, mais matériel toutefois, entre un mouvement premier caché dans les profondeurs de l'encéphale et un objet qui n'est point en contact avec notre corps. Je ne hasarde nullement ici l'explication d'un phénomène dont l'existence n'est pas démontrée ; j'indique seulement la voie dans laquelle on pourrait trouver une explication si le fait était établi par des expériences valables ; et je conclus que le rejet sans examen, à titre d'hypothèse impossible, des faits qui ont fixé l'attention de M. Crookes, serait une erreur de logique.

3° Hypothèses dont la vérification est impossible.

Pour qu'une hypothèse puisse devenir une vérité scientifique, il ne suffit pas qu'elle soit possible, il faut qu'elle soit *vérifiable*. Une supposition qu'on n'aurait aucun moyen de vérifier resterait toujours à l'état de simple conjecture. Il est des choses qui, par leur nature même, échappent à nos moyens d'investigation. On rencontre dans la *Somme* de saint Thomas d'Aquin nombre de questions de cet ordre que, non seulement une philosophie sage, mais même une théologie prudente n'aborderait pas aujourd'hui. Arrêtons-nous à des exemples plus rapprochés de nous. M. Claude Bernard conçoit l'espérance que les progrès de la physiologie permettront « de dévoiler, c'est-à-dire d'expliquer scientifiquement, l'influence réciproque du moral sur le physique et du physique sur le moral [1]. » On pourra sans doute constater, avec une précision toujours plus grande, les rapports de ces deux éléments de la nature humaine ; et nul ne saurait assigner des bornes aux progrès qui pourront être faits dans ce sens ; mais si l'on croyait arriver, non pas à déterminer ces rapports, mais à les expliquer dans leur mode, on se livrerait à une espérance décevante. C'est un cas dans lequel on peut concevoir peut-être le *pourquoi*, tandis que le *comment* est placé en dehors de toute étude possible. L'identité du physique et du moral est une hypothèse impossible. Les suppositions relatives au mode d'union de ces deux éléments sont invérifiables. « Non seulement la pensée n'est pas explicable à l'aide de ses conditions matérielles, dans l'état présent de nos connaissances, mais elle ne le sera jamais [1]. » L'ordre physiologique et l'ordre psychologique sont séparés par un

1. *Rapport sur les progrès de la physiologie générale en France*, p. 91.
2. Du Bois-Reymond, dans la *Revue scientifique* du 10 octobre 1874.

infranchissable abîme. Sur cet abîme, les ingénieurs de la science ne sauraient jamais jeter un pont.

On peut citer encore comme l'objet d'hypothèses qui échappent à toute vérification la question de savoir s'il se crée actuellement de la matière. Les analyses chimiques ont démontré que, dans la limite de notre expérience, aucun élément de matière ne paraît ni ne disparaît. Le gland ne crée pas la substance du chêne, substance qui est empruntée en totalité aux éléments du sol et de l'atmosphère ; et, quand le bois du chêne disparaît dans les ardeurs du foyer, son poids se retrouve tout entier dans les cendres et dans les éléments de la flamme et de la fumée. De ce fait, bien établi dans la limite de notre expérience, on n'a pas le droit de conclure qu'aucune matière nouvelle n'intervient dans l'univers. Plusieurs de nos contemporains érigent cette affirmation en axiome ; ils ont tort. Le résultat d'une création de matière, hors des limites de notre expérience, serait, si la loi de la gravitation est universelle, de modifier le mouvement de l'univers ; mais ce mouvement dans sa totalité nous étant inconnu, il en est de même de ses modifications possibles. On affirme à tort la fixité de la quantité de matière dans la totalité du monde ; on affirmerait à tort la création de matières hors des limites de notre expérience ; nous n'avons aucun moyen de contrôler les suppositions de cet ordre.

On peut citer encore des conjectures qui ne sont point interdites à l'esprit humain, qui ont leur place légitime dans la poésie, qui peuvent devenir un objet de foi, par des considérations tirées de l'ordre religieux, mais qui échappent à toute vérification expérimentale proprement dite. Y a-t-il des mondes autres que la terre, peuplés de créatures intelligentes? Une analogie puissante nous porte à penser que, dans la multitude des planètes qui circulent autour d'innombrables soleils, il s'en trouve qui ont réalisé comme la nôtre les conditions de la vie, sur lesquelles a paru la vie, et, au sommet de la vie, l'existence spirituelle ; mais nous n'avons aucun moyen d'élever cette conjecture, si plausible qu'elle soit, à la hauteur d'une thèse scientifiquement démontrée. Existe-t-il des créatures intelligentes supérieures à l'homme? Cela doit paraître aussi très probable par analogie, en partant de la considération de l'échelle des êtres. Dans tous les cas, cela est possible ; et cette possibilité suffit pour exclure l'affirmation que l'homme est le sommet de l'univers, affirmation qui manque à la fois de prudence et d'humilité ; mais on ne voit pas comment on pourrait rencontrer à cet égard, dans l'ordre de la science proprement dite, une de ces probabilités qui croissent jusqu'à la certitude.

Des hypothèses non vérifiables n'ont donc pas d'entrée légitime dans le domaine de la science ; mais cette règle demande à être appliquée avec beaucoup de prudence. Il s'agit d'une limite difficile, et même impossible à tracer d'une manière absolue, parce que les hypothèses qui ne sont pas vérifiables à un moment donné peuvent le devenir plus tard, comme nous aurons l'occasion de le dire en parlant de l'état de la science.

4° Du positivisme.

Une question de philosophie générale s'offre ici à notre examen. Le positivisme n'admet dans la science que des lois exprimant notre expérience actuelle et rejette, à titre d'hypothèses qu'on ne saurait vérifier, toute théorie qui dépasse la simple coordination des faits. Il interdit toute recherche relative aux causes, aux buts des phénomènes, à des réalités quelconques dépassant le domaine de l'observation immédiate. Les positivistes distinguent le domaine de la science et un autre domaine qu'ils considèrent comme celui de l'imagination ou du sentiment. Les uns nient résolument la réalité de toutes les conceptions maginatives ou sentimentales qui dépassent l'expérience sensible et renouvellent, avec de légères variantes, l'ancien matérialisme ; d'autres admettent qu'au delà de ce qu'on sait il est permis de croire. Tel fut par exemple le cas de Stuart Mill, qui a été tancé assez vertement par MM. Littré et Virouboff, pour avoir dit que le mode de penser positif n'interdit pas de croire à la réalité d'une intelligence suprême, cause première du monde [1]. Dans tous les cas, on trace une ligne de démarcation profonde et précise entre le domaine de la science, qui n'admet que des faits immédiatement observables, et le domaine (qu'on respecte plus ou moins) de ce qu'on nomme la croyance. La distinction est nette, mais elle ne résiste pas à l'examen. L'idée de la science ainsi conçue est prise dans la partie inférieure de la physique et de la chimie. La composition de l'eau, les phénomènes de la réfraction et de la réflexion de la lumière, le mode d'action de la pesanteur donnent lieu à des énoncés scientifiques qui ne sont que l'expression de faits, et qu'une observation ac-

1. *Auguste Comte et Stuart Mill*, par Littré, suivi de *Stuart Mill et la philosophie positive*, par Virouboff. Broch. in-8°. Paris, 1867.

tuelle peut toujours vérifier ; mais, si l'on suivait à la rigueur cette conception de la science, tout le passé nous échapperait. J'admets la production des montagnes par un phénomène de soulèvement ; cette théorie n'exprime pas un fait que je puisse vérifier directement. J'admets le fait historique de la bataille de Salamine : je ne peux pas voir la flotte grecque victorieuse ; il me faudrait pour cela être placé dans une étoile très lointaine et être armé d'un télescope fort puissant. L'avenir échapperait comme le passé à une science renfermée dans les faits susceptibles d'une vérification actuelle. On ne croit pas d'une foi bien générale aux prédictions de l'almanach sur la pluie et le beau temps ; mais on admet, sans se tromper, ses prévisions pour les éclipses. Il y a cependant dans la prévision d'une éclipse deux éléments qui sortent de l'expérience immédiate et de la simple coordination des faits : les calculs mathématiques, et la foi dans la constance des lois de la nature. Ce qui échapperait enfin à un positivisme conséquent, c'est toute la partie supérieure de la science. Au-dessus des formules qui expriment et coordonnent les faits se placent les théories qui les expliquent. « L'existence du fluide éthéré, dit M. Lamé à la fin de ses *Leçons sur l'élasticité*, est incontestablement démontrée par la propagation de la lumière dans les espaces planétaires, par l'explication si simple, si complète des phénomènes de la diffraction dans la théorie des ondes. » La démonstration, que ce savant déclare incontestable et qui a, dans tous les cas, un très haut degré de probabilité, résulte, non pas de l'observation immédiate des faits, mais de leur explication, car le fluide éthéré n'est l'objet d'aucune perception directe. « Nous n'avons pas la preuve directe, immédiate de l'existence des atomes et de la molécule chimique, » dit M. Chevreul; mais, contrairement à l'illusion des positivistes signalée par ce savant, « il n'est pas une science du monde visible où la nécessité de lier les faits précis de l'observation contrôlée par l'expérience n'ait conduit à des conceptions de l'esprit qui sont en dehors de la démonstration [1]. » La théorie de Kopernik est-elle un objet de science? La démonstration expérimentale absolue n'est pas possible, parce que nous ne pouvons pas nous transporter en un lieu d'où le mouvement de la terre serait directement perceptible; elle est admise seulement parce qu'elle explique les apparences. Le plus positif des positivistes ne se déciderait pas toutefois, sans quelque hésitation, à rejeter hors de la science l'affirmation du mouvement de la terre.

Quelques mots sur l'exclusion de toutes les vérités de l'ordre spirituel, à titre d'hypothèses impossibles à vérifier. Les affirmations relatives à l'ordre spirituel, à l'origine des choses, à la destination de l'homme, ont pour contrôle la considération générale de l'univers, et plus spécialement l'étude des phénomènes que l'esprit humain livre à l'observation. Ampère estimait que l'existence de l'âme et l'existence de Dieu sont des hypothèses susceptibles d'une démonstration scientifique aussi certaine que celle des grandes lois de l'astronomie [2]. Fresnel espérait élever ces affirmations à un si haut degré d'évidence rationnelle qu'elles seraient hors de contestation [3]. Je crois

1. *Lettres à M. Villemain*, Lettre IV, p. 60 et 72.
2. *Philosophie des deux Ampère*, p. 154.
3. *Notice sur Verdet*, par M. A. de La Rive, p. 16.

l'espérance de Fresnel exagérée, et je ne saurais admettre sans quelques réserves la pensée d'Ampère ; mais il ne s'agit pas ici de discuter la question ; je voulais montrer seulement que deux physiciens d'un incontestable génie étaient loin d'admettre cette exclusion de l'ordre spirituel que certains savants contemporains semblent considérer comme le résultat élémentaire de la culture scientifique.

CHAPITRE II

L'INDIVIDU QUI CONÇOIT L'HYPOTHÈSE

Après avoir considéré les conditions requises dans la nature même des hypothèses pour qu'une hypothèse soit sérieuse, nous avons à étudier maintenant ces conditions dans l'individu, c'est-à-dire dans la personne même du savant qui fait une supposition.

1° Le génie.

La première condition personnelle de toute hypothèse sérieuse est le génie, c'est-à-dire la faculté d'inventer [1]. Cette faculté existe chez tous les hommes en quelque degré ; mais, comme toutes nos autres facultés, elle est très inégalement répartie. On a dit que le génie n'était que la patience qui permet de fixer longtemps son esprit sur un certain ordre de faits ; et l'on peut citer à l'appui de cette manière de voir la réponse de Newton, auquel on deman-

1. « L'homme de génie est celui qui voit plus clair que les autres, qui aperçoit une plus grande part de vérité. » (Janet, *Le cerveau et la pensée*, p. 89.)

dait comment il avait découvert le système du monde et qui répondit : « En y pensant toujours. » La réponse était modeste, mais elle était naïve. Bien des hommes ont pensé avec une persévérance obstinée à certains problèmes et n'ont rien trouvé, ou n'ont trouvé que des erreurs. Les maisons d'aliénés renferment nombre de monomanes qui pensent incessamment à une grande découverte qu'ils ont faite. La persévérance de la pensée est sans doute une des conditions des découvertes, mais elle n'en est pas le principe générateur. Dans les affaires commerciales et financières, un esprit léger et distrait aura grande chance de faire fausse route ; mais, si vous entrez à la bourse, vous y trouverez des hommes qui tous cherchent les moyens de s'enrichir ; et, à persévérance égale, peu d'entre eux s'enrichiront : ceux qui ont le génie des affaires. Or le génie des affaires consiste à faire des hypothèses justes sur la fluctuation des valeurs.

Le génie ne tombe pas directement dans la sphère de la volonté ; c'est une faculté propre à l'individu et véritablement innée ; il n'y a aucun moyen de se donner plus de génie qu'on n'en a, mais il y a des moyens d'utiliser celui qu'on possède. Ces moyens constituent, en ce qui dépend de la personnalité du savant, les conditions secondaires des hypothèses sérieuses. Nous les réduirons à trois : l'effort qui produit le travail persévérant, l'indépendance de la recherche, et la loyauté de la pensée.

2° Le travail.

La base indispensable de toute théorie sérieuse est la connaissance des faits à expliquer, connaissance qui s'acquiert, soit par l'étude personnelle des phénomènes, soit par l'étude des témoignages. Il n'est pas impossible qu'un esprit inventif, bien qu'il soit relativement ignorant, rencontre une pensée vraie qui aura échappé à de plus instruits que lui. C'est la conséquence du caractère spontané du génie; la faculté de découvrir n'est nullement proportionnelle aux acquisitions de la mémoire. Il est cependant infiniment probable que, sans une étude patiente et laborieuse des faits, l'esprit le mieux doué pour les découvertes ne produira que des chimères. L'hypothèse réclame donc un travail antérieur à sa production et qui lui fournit ses bases. Ce n'est pas tout : une fois qu'une hypothèse a été conçue, il faut la suivre dans ses conséquences pour la vérifier. La sixième partie du *Discours de la méthode* de Descartes est intitulée : *Quelles choses sont requises pour aller plus avant en la recherche de la nature*. Une des choses requises est de se concentrer sur son travail, ce qui exige souvent le sacrifice de bien des ambitions et de bien des vanités. Descartes, sur ce point, a joint l'exemple au conseil. Lorsqu'il termine le *Discours de la méthode* par ces mots : « Je me tiendrai toujours plus obligé à ceux par la faveur desquels je jouirai sans empêchement de mon loisir, que je ne le serais à ceux qui m'offriraient les plus honorables emplois de la terre, » il nous indique comment, en s'éloignant du monde et des préoccupations de la vie sociale, il employait, sans en rien perdre, son prodigieux génie. La part de sa volonté est très apparente dans son œuvre. Newton offre aussi un bel exemple de consécration entière à la recherche de la vérité scientifique. L'effort nécessaire au développement du génie prend quelquefois la forme du courage en face du danger. Il faut du courage aux explorateurs scientifiques des régions inconnues du globe, des hautes cimes et des profondeurs de l'Océan. Pline a payé de sa vie le spectacle du Vésuve en éruption. Le laboratoire aussi a ses périls. Davy, dans le cours de ses expériences sur les gaz, respira volontairement du protoxyde d'azote, qui devait être mortel d'après la théorie d'un médecin célèbre son contemporain. Dulong perdit un œil et un doigt en découvrant le perchlorure d'azote. Lavoisier, occupé de travaux d'optique, s'enferma, pendant six semaines, dans une chambre absolument sombre, afin de rendre sa perception des nuances de la lumière plus fine et plus délicate. L'amour de la science se joint souvent au zèle de la charité pour faire braver aux médecins les dangers de la contagion. Ces occasions de courage proprement dit sont relativement rares; mais il est certain que la paresse d'esprit nuit singulièrement aux progrès de la science, et que des vices de diverses natures engendrent la paresse. L'ordre moral pénètre dans l'ordre scientifique par une porte largement ouverte. Les désordres de la vie de Musset ont contribué à produire quelques-unes des beautés amères de sa poésie; mais on ne saurait méconnaître dans ses œuvres une foule de germes susceptibles de développements beaucoup plus considérables que ceux qu'ils ont obtenus, et qui ont été paralysés par le manque d'effort, résultat naturel des passions auxquelles s'abandonnait l'auteur. Il en est de même dans la science, bien que les savants, par la nature de leurs travaux et la direction de leur pensée, soient généralement moins exposés que les artistes et les poètes aux désordres qui ont si tristement compromis l'œuvre de Musset. Dans bien des cas, un homme ne découvre pas, par la faute de sa volonté, ce qu'il était capable de découvrir par la nature de son intelligence.

3° L'indépendance de la recherche.

Le but de la science est l'explication des faits, et ses trois facteurs sont l'expérience, la raison et la spontanéité individuelle de la pensée. C'est par ces trois moyens que l'esprit de l'homme doit parvenir à la connaissance de la vérité, dans la limite où elle lui est accessible, ou à ce que Bacon appelle, dans son langage figuré, « une union chaste et légitime avec les choses elles-mêmes[1]. » Il peut se former des autorités illégitimes qui s'interposent entre la pensée et la réalité, et arrêtent ainsi la formation des hypothèses vraies et même l'observation des faits, car l'esprit qui se repose dans l'erreur cesse de chercher la vérité. Ce sujet a été traité par Bacon dans le cinquième livre de son ouvrage *Sur la dignité des sciences*, où il étudie, sous le nom d'idoles, les diverses illusions qui s'imposent à l'esprit humain. Les autorités illégitimes créent des préjugés qui empêchent d'accueillir les idées vraies si elles se produisent, et qui les empêchent même de se produire. Dans l'antiquité, par exemple, le polythéisme religieux, luttant avec l'instinct de la raison, arrêtait le développement de la science de la nature. Lorsque Thalès observa l'action d'un aimant, il exprima sa pensée en di-

1. *Production virile du siècle,* à la fin.

sant que « la pierre d'aimant a une âme », et, d'une manière plus générale, il affirma que « tout est plein de dieux[1] ». Cette conception de puissances attribuées aux éléments de la matière n'a pas été sans influence sur la théorie des formes substantielles et des causes occultes, théorie contre laquelle la physique moderne a dû soutenir des luttes longues et ardentes.

Au moyen âge, l'autorité de la tradition scientifique a lourdement pesé sur l'indépendance des recherches. A dater du XIIIe siècle, par l'influence d'Albert le Grand et plus encore de saint Thomas, cette autorité de la tradition s'est concentrée et comme personnifiée en Aristote. On cherchait dans les textes d'Aristote, non seulement des règles de logique et certains principes de métaphysique, ce que nous pouvons faire encore avec avantage, mais les principes des sciences naturelles. Son autorité s'est opposée alors, soit à l'étude directe de la nature, soit même à l'examen des doctrines de l'école de Pythagore, qui, sur plus d'un point, avait possédé des lumières qu'Aristote a méconnues, et qu'il a éteintes en les méconnaissant. Les textes du *Philosophe*, comme on appelait alors le précepteur d'Alexandre, avaient en quelque sorte le rang d'axiomes, et l'on en déduisait les conséquences par la méthode *à priori*. J'ai déjà fourni un exemple de ce procédé[2]; en voici un autre tiré des œuvres de saint Thomas : « Question : La lumière est-elle un corps? Aristote dit que la lumière est une espèce de feu; or le feu est un corps; donc la lumière aussi. » Cet exemple est tex-

1. Aristote, *Traité de l'âme*, livre I, chap. II, § 14, et chap. V, § 17.
2. Voir partie I : *Les origines du rationalisme*.

tuellement extrait de la *Somme théologique*[1]. Saint Thomas expose cet argument selon la méthode de ses contemporains; mais il n'en admet pas la conclusion. Il définit la lumière « une qualité active qui résulte immédiatement de la présence d'un corps lumineux », et il donne ses raisons pour combattre la doctrine qu'on déduisait d'un texte d'Aristote. La première est que la lumière occupe le même espace que l'air et qu'un même espace ne peut être occupé par deux corps différents. La seconde est que la communication de la lumière est instantanée (c'était l'opinion régnante encore au XVIIe siècle) et qu'une communication instantanée ne peut pas être le transport d'un corps d'un lieu à un autre. Il se permet donc de contredire le *Philosophe;* mais cette liberté de la pensée était exceptionnelle pour saint Thomas, comme pour tous les docteurs de son époque. Après lui, et en grande partie par son influence, les décrets d'Aristote en matière de sciences naturelles comme en toute autre chose furent presque élevés au rang de dogmes[2]. Dans le dialogue de Galilée sur *Les systèmes du monde*, un des interlocuteurs fait valoir les arguments qui militent en faveur de la découverte de Kopernik. Simplicius, le défenseur de la tradition, raisonne ainsi : Aristote enseigne que, dans un corps simple, il ne peut y avoir naturellement qu'un mouvement simple; Kopernik attribue plusieurs mouvements à la terre, donc le système de Kopernik est faux[3]. Un péripatéticien nommé Delle Colombe, formulant la théorie

1. Partie I, question 67, article 2.
2. Voir mon Étude sur l'œuvre de saint Thomas d'Aquin dans l *Bibliothèque universelle*, juillet et août 1859.
3. *Galilée*, par le Dr Parchappe, p. 384.

générale à laquelle s'appuie l'argument de Simplicius, établit en principe que la nature parle par la bouche d'Aristote, *Natura locuta est ex ore illius* [1]. Dans le *Traité de physique* de Scipion Dupleix, qui date de l'an 1600 environ, les opinions du *Philosophe* prennent très souvent la place des faits. A une époque où l'autorité politique intervenait ouvertement et fréquemment dans les questions de doctrine, il fut rendu divers décrets pour maintenir l'opinion régnante contre les efforts des novateurs. Giordano Bruno étant arrivé à Genève, vers 1580, fut promptement expulsé de cette ville; et nous savons, par le témoignage de Théodore de Bèze, que « les Genevois avaient décidé une bonne fois pour toutes que ni en logique ni en aucune branche du savoir on ne s'écarterait chez eux des sentiments d'Aristote ». En 1624, un édit du Parlement de Louis XIII défendit à toute personne, « sous peine de la vie, de tenir ni enseigner aucune maxime contre les anciens auteurs et approuvés. » Après une lutte violente, l'indépendance de la recherche scientifique s'affirma et finit par triompher. Ce triomphe a été formulé par la plume de Pascal dans sa préface du *Traité du vide*. Il distingue les questions relatives aux faits transmis par le témoignage, pour lesquels on ne peut s'en rapporter qu'à l'autorité de la tradition, et les questions de théorie scientifique, qui doivent être résolues par l'emploi de la raison et de l'expérience; puis il écrit : « Les hommes sont aujourd'hui, en quelque sorte, dans le même état où se trouveraient les anciens philosophes, s'ils pouvaient avoi

1. Conti, *Storia della filosofia*, tome II, leçon 16.

vieilli jusqu'à présent, en ajoutant aux connaissances qu'ils avaient celles que leurs études auraient pu leur acquérir à la faveur de tant de siècles. De là vient que, par une prérogative particulière, non seulement chacun des hommes s'avance de jour en jour dans les sciences, mais que tous les hommes ensemble y font un continuel progrès à mesure que l'univers vieillit, parce que la même chose arrive dans la succession des hommes que dans les âges différents d'un particulier. De sorte que toute la suite des hommes, pendant le cours de tant de siècles, doit être considérée comme un même homme qui subsiste toujours et qui apprend continuellement; d'où l'on voit avec combien d'injustice nous respectons l'antiquité dans ses philosophes; car comme la vieillesse est l'âge le plus distant de l'enfance, qui ne voit que la vieillesse dans cet homme universel ne doit pas être cherchée dans les temps proches de sa naissance, mais dans ceux qui en sont les plus éloignés? Ceux que nous appelons anciens étaient véritablement nouveaux en toutes choses et formaient l'enfance des hommes proprement; et comme nous avons joint à leurs connaissances l'expérience des siècles qui les ont suivis, c'est en nous que l'on peut trouver cette antiquité que nous révérons dans les autres[1]. »

Le joug d'Aristote est brisé dès longtemps, et les textes des anciens philosophes ne nuisent plus à l'indépendance des recherches; on peut toutefois retrouver quelques traces des préjugés de cet ordre chez les esprits trop exclusivement attachés aux opinions reçues, à la science

1. Edition Faugère, tome I, p. 98.

officielle des académies et des corps enseignants. Quelques-uns de nos contemporains tombent dans un défaut contraire en prenant la nouveauté d'une idée pour un gage de sa vérité. Cette disposition nuit, comme la disposition contraire, à la véritable indépendance de la pensée, qui doit se tenir en garde aussi bien contre l'engouement de la nouveauté que contre une disposition servile à l'égard du passé. En science, de même qu'en politique, il faut se défendre également et des préjugés conservateurs et des préjugés novateurs. La règle de nos pensées ne doit être ni le vieux ni le neuf, mais le vrai.

Une influence extra-scientifique, qui a régné pendant le moyen âge, et qui a survécu à cette époque, beaucoup plus que l'influence de la philosophie ancienne, est celle des idées religieuses. La foi religieuse est inséparable d'une autorité constituée par cette foi même; mais cette autorité n'existe que pour les croyants et doit demeurer circonscrite dans le domaine propre de la religion. Je n'aborderai pas ici les questions qui résultent des rapports de la foi avec les sciences, lorsqu'on fait entrer dans le débat les textes des livres sacrés des Juifs et des chrétiens. Si l'on parle seulement des sciences naturelles et de la foi religieuse dans sa généralité, le problème n'est pas très compliqué et se résout par la délimitation de deux ordres d'idées. La foi religieuse n'a rien à faire avec les études de la physique, de la botanique et de la zoologie, aussi longtemps que cette foi et ces études demeurent dans leurs domaines respectifs. Cette ligne de démarcation a été souvent méconnue par les théologiens, de manière à compromettre gravement l'indépendance des hypothèses scientifiques. A cet égard, les exemples abondent. Celui de la condamnation de Galilée est le plus éclatant, et il est si connu qu'il suffit de le rappeler. Aux accusations dirigées contre lui, Galilée répondit en citant cette parole du cardinal Baronius : « L'Esprit-Saint a voulu nous enseigner comment on va au ciel, et non comment va le ciel. » Il écrivait à la grande-duchesse Christine : « Les professeurs de théologie ne devraient pas s'arroger le droit de rendre des arrêts sur des professions qu'ils n'exercent pas et qu'ils n'ont pas étudiées. Ce serait, en effet, comme si un prince absolu, sachant qu'il peut, à son gré, commander et obtenir l'obéissance, s'avisait, n'étant ni médecin ni architecte, d'exiger qu'on se conformât à sa volonté en se médicamentant et en construisant, au risque de la mort pour les malheureux malades et d'une ruine inévitable pour les édifices [1] ». Il y a peu d'années, le même point de vue a été développé par Richard Owen. Ce savant illustre proclame l'importance extrême, au point de vue religieux, de confiner la théologie dans son propre domaine et de laisser les sciences expérimentales se développer librement, selon leurs propres méthodes [2].

Les préoccupations religieuses qui risquent de troubler la marche régulière de la science existent encore de nos jours ; elles existent en deux sens opposés et ne sont pas moins vives dans une direction que dans l'autre. Les controverses relatives à la doctrine du transformisme offrent sous ce rapport un exemple instructif. Certains théologiens

1. *Galilée*, par le docteur Parchappe, p. 131.
2. *The power of God in his animal creation*. Brochure in-12°, sans date.

ont eu le tort de se prononcer, et souvent avec vivacité, sur un problème dont ils connaissent peu les éléments et apprécient mal la portée. Les adversaires des théologiens ne sont pas restés en arrière dans ce débat, en fait de préoccupations passionnées. On peut facilement le démontrer par une remarque à laquelle j'ai déjà fait allusion [1]. Plusieurs savants ont affirmé que les diverses races d'hommes sont trop différentes pour qu'il soit possible de leur attribuer une souche commune, et ils ont contredit, comme contraire aux données de l'observation, la thèse théologique que tout le genre humain provient d'un couple unique. D'autres cherchent maintenant une arme contre la tradition religieuse dans l'idée que tous les êtres organisés, l'homme compris, proviennent, par voie de génération régulière, d'organismes primitifs semblables. J'ai demandé un jour à François-Jules Pictet s'il ne pensait pas que tel de ses confrères en science naturelle avait soutenu l'impossibilité de faire dériver tous les hommes d'un même couple et, quelques mois après, avait affirmé que tous les êtres organisés peuvent provenir d'ancêtres identiques. Il me répondit : oui, sans hésiter. N'est-il pas manifeste que ce brusque changement d'opinion ne peut s'expliquer que par l'influence indue d'une préoccupation relative aux questions religieuses ?

Le savant qui veut rester fidèle à sa mission doit se libérer de toute influence étrangère à l'objet de son étude, pour conserver la pleine liberté de ses observations et de ses hypothèses. Il n'en résulte pas que l'indépendance

1. Partie I, *Recherche des classes.*

de la pensée doive se traduire par l'isolement, par une rupture totale avec la tradition. Il est bien difficile à l'esprit humain de garder un juste équilibre. Bacon en a appelé à l'observation de la nature contre la tendance à admettre servilement les opinions reçues dans l'école, et, sous ce rapport, son œuvre est exempte de reproches; mais il s'est livré à une réaction violente et passionnée contre les anciens et a perdu toute mesure. Il injurie les plus grands noms de l'histoire de la pensée. Il qualifie Aristote de « détestable sophiste, ébloui d'une subtilité vaine, vil jouet des mots ; » Platon est désigné comme un « pointilleur harmonieux, poète gonflé, théosophe en délire!! » Galien est un homme d'un esprit fort étroit, un dissertateur frivole, Hippocrate est une réputation usurpée sous laquelle Galien et Paracelse s'abritent « comme à l'ombre d'un âne »[1]. Ce ne sont pas là les paroles d'un homme libre, mais celles d'un esclave affranchi qui insulte ses anciens maîtres. Descartes secoue le joug de toute tradition scientifique, pour en appeler à sa raison seule ; mais il est facile d'établir qu'il est victime d'une illusion, et que la tradition avec laquelle il estime avoir entièrement rompu se glisse dans sa pensée par l'influence de la parole. Galilée, plus sage que la plupart de ses contemporains, en appelle à la raison et à l'expérience; mais il ne dédaigne point le secours de la tradition; il conserve et applique les bonnes maximes qui avaient cours dans l'école, et il explique sa position à l'égard d'Aristote dans ces termes pleins de mesure : « Je ne prétends pas qu'on

1. *Production virile du siècle,* chap. II.

doive refuser d'écouter Aristote ; j'approuve au contraire qu'on le consulte et l'étudie ; mais ce que je blâme, c'est qu'on se livre à lui comme une proie, et qu'on souscrive en aveugle à toute parole de lui, acceptée sans discussion, comme un décret inviolable [1]. »

La voie que suit Galilée est assurément la bonne. Les annales de la science renferment un grand nombre d'idées dont les unes ont été reconnues certainement fausses, les autres certainement vraies ; mais elles renferment aussi un grand nombre d'opinions qui demeurent à l'état de simples conjectures, l'expérience et le raisonnement n'ayant pas encore prononcé leur verdict définitif. Lorsqu'une de ces conjectures est marquée du sceau d'un homme de génie, elle acquiert par là même une importance spéciale. Passer en disant : Que m'importe ? à côté d'une opinion énoncée par Leibnitz ou par Newton, par Linné ou par Cuvier, dans l'ordre des études qui ont illustré ces savants, ce n'est pas l'indépendance de la pensée, c'est la fatuité de l'ignorance. Il en est de même des doctrines qui ont reçu l'adhésion d'un très grand nombre d'hommes compétents, lors même que ces hommes ne seraient pas des esprits de premier ordre. Le manque de respect égare souvent l'intelligence. De grands noms, un grand courant d'idées ne font pas que certaines doctrines aient de l'autorité dans le sens absolu du terme (c'était l'erreur des scolastiques), mais indiquent des suppositions dignes d'un sérieux examen. En constatant la place de l'hypothèse, on se rend compte qu'il doit en être ainsi. Au point de vue de

1. *Galilée*, par le docteur Parchappe, p. 314.

l'empirisme ou à celui du rationalisme, on rompt avec le passé d'une manière absolue, si l'on est conséquent, et l'on reste livré à ses seules ressources. Une vue juste de la méthode apprend à distinguer une influence légitime d'une autorité indue, préserve du brusque passage d'un asservissement passif à un individualisme téméraire, et met la pensée dans une position d'indépendance qui n'est pas une révolte contre le fait de la solidarité des intelligences.

Les autorités illégitimes qui viennent de nous occuper ne sont pas les seuls obstacles à l'indépendance des recherches. Cette indépendance est menacée aussi par l'influence de dispositions personnelles qui doivent fixer maintenant notre attention.

4° La loyauté de la pensée.

J'entends par la loyauté de la pensée une fidélité invariable à la vérité, seule souveraine légitime que doit reconnaître le savant. L'amour-propre altère souvent cette loyauté. L'amour-propre est une cause d'attachement opiniâtre à de fausses hypothèses, que l'on maintient parce qu'on les a conçues. S'agit-il de renoncer à un système que l'on a trouvé, que l'on a peut-être laborieusement développé, pendant de longues années, on comprend que l'amour-propre et la paresse se coalisent pour maintenir l'affirmation de l'erreur. Locke parle de gens dont l'entendement est « comme jeté au moule d'une hypothèse reçue » ; et dans les développements qu'il donne à cette pensée on lit les phrases suivantes : « Ils ne veulent faire aucun fond sur les rapports qu'on leur fait pour expliquer les causes autrement qu'ils ne les expliquent, ni se laisser toucher par des probabilités qui les convaincraient que les choses ne vont pas justement de la même manière qu'ils l'ont déterminé en eux-mêmes. En effet, ne serait-ce pas une chose insupportable à un savant professeur, de voir son autorité renversée, en un instant, par un nouveau venu, jusqu'alors inconnu dans le monde [1] ? » L'amour-propre ne crée pas seulement un attachement aveugle à ses propres opinions; il suscite encore des sentiments fâcheux de rivalité et de jalousie. Il est difficile de disculper entièrement Leibnitz de tout sentiment de cette nature à l'égard de Newton. S'il avait admis le système de la gravitation universelle, dont il eut le tort de méconnaître la valeur, il aurait prémuni peut-être les newtoniens contre des erreurs qui ont retardé la marche de la théorie générale de la nature. Le patriotisme aussi a ses écarts. M. Wurtz a inscrit en tête de son *Histoire des doctrines chimiques* cette phrase imprudente : « La chimie est une science française. Elle fut constituée par Lavoisier. » Un Allemand a jugé bon de répondre que « Lavoisier n'était pas chimiste ». De là toute une querelle [2]. Dans des discussions de cette nature, il y a pour le moins du temps perdu.

La vanité, cette cousine germaine de l'amour-propre, produit des hypothèses fausses. Le savant qui cherche la renommée s'attachera tantôt aux idées qui servent les préjugés régnants, tantôt à celles qui flattent la curiosité, avide de choses nouvelles. Il pourra se trouver ainsi, ou

1. *Essai philosophique concernant l'entendement humain*, livre IV, chap. 20, § 11.
2. Voir cette querelle dans la *Revue scientifique* du 3 février, du 9 mars et du 16 mars 1872.

conservateur excessif, ou novateur imprudent, ou même revêtir successivement l'une et l'autre de ces qualités, dans les évolutions diverses de sa pensée. Rousseau a écrit dans un de ses accès de misanthropie : « Tout savant dédaigne le sentiment vulgaire.... Chacun sait bien que son système n'est pas mieux fondé que les autres, mais il le soutient parce qu'il est à lui. Il n'y en a pas un seul qui, venant à connaître le vrai et le faux, ne préférât le mensonge qu'il a trouvé à la vérité découverte par un autre. Où est le philosophe qui pour sa gloire ne tromperait pas volontiers le genre humain? Où est celui qui dans le secret de son cœur se propose un autre objet que de se distinguer? Pourvu qu'il s'élève au-dessus du vulgaire, pourvu qu'il efface l'éclat de ses concurrents, que demande-t-il de plus? L'essentiel est de penser autrement que les autres [1]. » Dans cette caricature qui n'est souvent que trop ressemblante, on voit intervenir ces deux causes perturbatrices de la science : l'amour-propre et la vanité.

L'intérêt peut agir dans le même sens. Un grand nombre de savants sont en face de la nécessité matérielle ; il leur faut une place rétribuée ; et faire du bruit, au moyen de théories bonnes ou mauvaises, peut être un moyen de s'ouvrir les portes d'une Université. Ainsi peuvent apparaître, en dehors des règles d'une pensée vraiment loyale, des hypothèses lucratives. Le fait paraît s'être produit quelquefois en Allemagne, où le nombre et la concurrence des Universités donnent à la réputation une valeur financière plus considérable qu'ailleurs. Il est à craindre aussi que des intérêts matériels n'aient pas été sans

1. *Profession de foi du vicaire savoyard.*

influence, aux États-Unis, sur quelques-uns des défenseurs de l'hypothèse de la diversité essentielle et primitive des diverses races d'hommes.

Dans l'enchaînement des choses humaines on voit le bien sortir du mal, ce qui ne signifie pas, pour un esprit sérieux, que le mal soit jamais un principe producteur du bien. Il est, dans l'ordre moral, un certain équilibre des vices qui permet au monde de cheminer avec une dose de vertu relativement faible. Nous avons ici un exemple de cet équilibre. L'amour-propre, la vanité, le désir du gain altèrent la loyauté de la pensée scientifique, cela ne peut pas être contesté; mais, si l'on pouvait supprimer ces stimulants, la paresse envahirait l'intelligence, et la science, en devenant plus honnête, risquerait de demeurer relativement stationnaire. Le problème est de substituer à des passions mauvaises une passion bonne, la passion de découvrir la vérité et de réaliser le bien qui résulte pour l'humanité de la vérité découverte. On rencontre avec bonheur chez plusieurs des fondateurs de la science un noble et saint enthousiasme de cette nature. Si cette disposition d'esprit se généralisait, nous aurions moins d'hypothèses fausses, moins de querelles vaines et de temps perdu. Tout bien considéré, Liebig a émis une pensée vraie, lorsqu'il a écrit : « Les lois morales ont la même valeur dans la science que dans la vie pratique [1]. »

1. *Lord Bacon*, p. 127.

CHAPITRE III

L'ÉTAT DE LA SCIENCE

Passons aux conditions des hypothèses sérieuses qui se rencontrent dans l'état de la science. L'état de la science résulte des observations faites, des explications déjà trouvées et vérifiées, des instruments matériels dont le savant peut disposer, enfin des instruments intellectuels, et principalement du développement des sciences mathématiques, qui ne sont qu'un instrument pour la science des faits.

1° Base d'observation.

Il est manifeste que, pour faire une hypothèse, il faut avant tout avoir connaissance de l'objet sur lequel elle doit porter. Aucune théorie sur la faune et la flore de l'Australie n'a pu précéder la découverte de ce continent; c'est pourquoi le travail des collectionneurs et des voyageurs scientifiques est la base nécessaire de tous les systèmes d'histoire naturelle. Pour chercher l'explication du mode de vie des animaux microscopiques, la condition préalable est d'avoir le moyen de les voir.

Une base suffisante d'observation est la condition régulière, sans être toutefois absolue, des hypothèses sérieuses. Lorsqu une classe de faits n'est connue que d'une manière générale et vague, le champ des conjectures est illimité ; à mesure que les observations s'accumulent, la fantaisie perd du terrain. Töpfer fait remarquer combien les hypothèses géologiques ont des fondements peu sûrs, puis il ajoute : « C'est précisément par là que j'aime cette science. Elle est infinie, vague comme toute poésie ; comme toute poésie, elle sonde des mystères, elle s'y abreuve, elle y flotte sans y périr. Elle ne lève pas les voiles, mais elle les agite, et, par de fortuites trouées, quelques rayons se font jour qui éblouissent le regard. Au lieu d'appeler à son aide les laborieux secours de l'entendement, elle prend l'imagination pour compagne [1]. » La géologie n'est point assise encore sur des bases inébranlables ; toutefois, depuis l'époque où Töpfer a écrit ces lignes, elle a réuni bien des observations sérieuses, et la part de l'imagination qui charmait le conteur genevois y occupe une place moins souveraine.

Par la base d'observations nécessaires aux hypothèses sérieuses, il faut entendre non seulement les faits constatés, mais toutes les lois qui résument un grand nombre de phénomènes et prennent, à l'égard des développements supérieurs de la science, la place qu'occupaient les faits quant à ses développements inférieurs. C'est la connaissance de ces lois qui importe surtout, car une multitude de faits isolés encombrerait l'intelligence et

1. *La vallée de Trient*, dans les *Nouvelles genevoises*.

chargerait la pensée sans l'enrichir. Un fait historique met en vive lumière la position relative de la base d'observation, qui est la condition de la science, et du génie, qui en est l'agent producteur. Tycho-Brahé et Képler se rencontrèrent à Prague, à la suite de vicissitudes étranges qui les avaient chassés l'un et l'autre de leur domicile antérieur; ils réunirent leurs travaux. Tycho possédait un trésor d'observations exactes; Képler, le génie des découvertes. Sans Tycho, l'esprit aventureux de Képler risquait de s'égarer; sans Képler, les observations de Tycho restaient des faits mal expliqués. L'un des plus grands progrès de l'astronomie est dû à la rencontre de ces deux hommes.

2° Moyens de vérification.

Les moyens de vérifier les hypothèses varient avec les époques, et ces moyens constituent une des conditions importantes de l'exercice normal de la faculté de supposer. La possibilité de la vérification résulte avant tout de l'état des observations, qui est à la fois la base des suppositions sérieuses et leur moyen de contrôle. Nous considérerons spécialement ici l'influence qu'exercent sur cette possibilité les instruments scientifiques. Il est des hypothèses qui ne demandent pour être vérifiées que le simple exercice des sens activé par l'attention; mais il en est d'autres qui réclament des appareils spéciaux, sans lesquels le génie même peut se trouver frappé d'impuissance. Les instruments de précision que nous possédons pour la mesure des longueurs, des poids et du temps, permettent de vérifier bien des hypothèses dont le contrôle aurait été impossible à nos devanciers. Le perfectionnement des instruments est donc un des facteurs de la science, et un simple ouvrier qui trouve le moyen d'améliorer un appareil apporte son concours à l'établissement des plus hautes théories. L'emploi du verre occupe ici une place spécialement importante. Le verre joue dans les instruments un rôle analogue à celui de l'œil dans notre organisation. Le télescope était nécessaire pour voir les phases de Vénus, dont la constatation a joué un rôle considérable dans la vérification de la théorie de Kopernik. Il l'était pour étendre notre connaissance du monde stellaire. « Combien les lunettes nous ont-elles découvert d'êtres qui n'étaient point pour nos philosophes d'auparavant!.... On disait : Il n'y a que mille vingt-deux étoiles ; nous le savons [1]. » Sans l'existence du microscope, les systèmes d'embryogénie flotteraient plus ou moins dans le vide. Dans l'emploi scientifique du verre, une des découvertes les plus merveilleuses dont l'histoire de la science fasse mention était réservée à notre époque. Il y a peu d'années encore, la prétention de déterminer la matière des étoiles et des nébuleuses aurait passé pour chimérique. Le spectroscope nous offre le moyen de le faire. Et tandis que cet instrument nous permet de reconnaître la présence de tel métal ou de tel gaz dans les profondeurs du ciel, il nous permet encore de discerner, dans une vapeur, des corps qui, par leur faible quantité, échappaient aux analyses de la chimie ordinaire. L'analyse spectrale dépasse ainsi tout ce que l'on pouvait attendre du télescope dans un sens, et du microscope dans l'autre. C'est

1. *Pensées* de Pascal, édition Faugère, I, 190.

une découverte dont les conséquences sont probablement loin d'être épuisées, et qui permettra de vérifier bien des conjectures dont le contrôle était jusqu'ici impossible. L'impossibilité de la vérification, dans les sciences expérimentales, a donc toujours un caractère provisoire et relatif aux ressources dont la science dispose, à un moment donné.

3° Simultanéité des découvertes.

Le rapport de l'état général de la science avec les hypothèses explique le fait que, très souvent, plusieurs savants font simultanément la même découverte, ou énoncent la même théorie. On voit, dans l'histoire de Leibnitz, que, plus d'une fois, il avait fait part de certaines découvertes à Oldenburg, secrétaire de la Société royale de Londres, et qu'Oldenburg lui avait répondu que sa découverte venait d'être faite par un autre et avait été publiée. Enfin il disputa à Newton, dans une querelle fameuse et regrettable, l'honneur d'avoir inventé le calcul infinitésimal. La planète théoriquement découverte par M. Le Verrier l'avait été aussi, paraît-il, par M. Adams. Gay-Lussac et Davy ont prétendu l'un et l'autre à la priorité de la découverte de l'iode. L'hypothèse de la nébuleuse primitive, à laquelle est attaché le nom de Laplace, se trouve dans les œuvres philosophiques de Kant, que Laplace vraisemblablement ne connaissait pas. Cette rencontre de plusieurs savants dans la même découverte, ou la même théorie, est un fait que la plupart des esprits inventifs connaissent par leur propre expérience. Les accusations de plagiat, auxquelles le fait a souvent donné lieu, sont généralement fausses. La science peut être comparée à un édifice composé d'étages superposés. Un étage auquel on est parvenu sert de point d'appui pour monter à l'étage supérieur ; et il arrive que plusieurs font l'ascension en même temps. Mais le fait a-t-il un caractère nécessaire? Est ce que, à un moment donné du développement de la science, tout le monde va arriver à la découverte qui doit suivre, de même que, lorsque la lune se lève à l'horizon, l'un peut la voir un instant avant l'autre, mais que tous a verront l'instant d'après? Nullement. Ce qui prouve qu'il n'en est pas ainsi, c'est l'existence d'hypothèses vraies, formulées avant l'époque où leur vérification était possible, et quelquefois très longtemps avant cette époque. Si les découvertes résultaient nécessairement de la marche de la science, si elles étaient le resultat pur de leurs antécédents, elles arriveraient toujours à leur heure, j'entends au moment où l'état de la science qui les aurait produites permettrait de les vérifier ; or cela n'est pas.

On peut citer en grand nombre des exemples d'idées scientifiques vraies, mais qui ont disparu pour un temps quelquefois très long, parce qu'elles avaient été conçues avant l'époque où il était possible de les démontrer. Kopernik nous instruit lui-même qu'il a trouvé dans les écrits des anciens le germe de sa théorie. Nous savons, en effet, par le témoignage d'Aristote [1], que les Pythagoriciens enseignaient que la terre accomplit une evolution autour d'un feu central, et que c'est à un mouvement de la terre qu'est due la succession du jour et de la nuit. La théorie de ces Pythagoriciens n'est pas absolument claire pour

1. *Traité du ciel*, livre II, chap. XIII.

nous, parce qu'il n'est pas certain que leur feu central soit le soleil [1]. Quoi qu'il en soit, Kopernik reconnaît expressément que c'est dans la lecture des anciens qu'il a rencontré le germe de sa théorie : voilà une hypothèse universellement admise aujourd'hui, à titre de vérité certaine, et qui a été si peu le produit naturel de l'état de la science, à l'époque de son apparition première, qu'elle a dormi plus de vingt siècles. On trouverait sans doute plusieurs exemples analogues pour l'antiquité, en consultant l'ouvrage de Dutens intitulé : *Recherches sur l'origine des découvertes attribuées aux modernes, où l'on démontre que nos plus célèbres philosophes ont puisé la plupart de leurs connaissances dans les ouvrages des anciens* [2]. J'indique ce livre comme une source à consulter, sans me porter garant des affirmations de l'auteur. Prenons des exemples plus récents.

Roger Bacon, moine du XIIIe siècle, en réfléchissant sur les forces physiques dont l'homme peut disposer, arriva à la conception de voitures qui, sans l'emploi d'aucun animal de trait, pourraient se mouvoir avec une incroyable rapidité [3]. Voilà le germe distinct, bien longtemps enfoui, de la construction de nos chemins de fer. Il indique aussi, d'une manière très précise, la possibilité de fabriquer avec du verre un instrument au moyen duquel on pourrait discerner des étoiles qui échappent à l'œil nu [4]. Voilà l'indi-

1. Voir Chaignet, *Pythagore et la philosophie pythagoricienne*, t. II p. 140 et suivantes.
2. 2 volumes in-8°, Paris, 1766.
3. Currus etiam possent fieri ut sine animali moveantur cum impetu inæstimabili. (Xavier Rousselot, *Étude sur la philosophie dans le moyen âge*. Troisième partie, chap. XX.)
4. Possunt etiam sic figurari perspicua ut longissime posita appareant propinquissima, et e contrario; ita quod ex incredibili distantia

cation du télescope, près de trois siècles avant Galilée. M. Auguste de La Rive enfin m'a affirmé (mais je ne connais pas le texte) que Roger Bacon a constaté le phénomène des interférences, l'une des bases de la théorie des ondulations lumineuses, théorie dont la démonstration devait se faire attendre pendant six siècles. Dès le XVIe siècle, et même avant, on rencontre dans quelques auteurs la théorie que les miasmes qui produisent les maladies contagieuses sont des êtres vivants. Ce n'est qu'à l'époque contemporaine qu'on a constaté des faits démontrant que la doctrine est vraie, dans un certain nombre de cas du moins [1].

4° Utilité de l'histoire de la science.

Il résulte des considérations précédentes qu'il peut exister dans nos bibliothèques les affirmations de maintes vérités généralement ignorées, parce qu'elles ont traversé la pensée d'un homme de génie avant l'époque où elles pouvaient être solidement démontrées. Ce fait peut se réaliser, même dans les sciences mathématiques, s'il est exact, comme on l'a affirmé, qu'une lecture attentive des textes de Pascal aurait pu y faire découvrir, avant l'époque de Newton, le théorème du binôme qui porte le nom du célèbre astronome anglais [2]. Les physiciens et les naturalistes ont raison sans doute de consacrer la plus grande partie de leur temps à l'observation directe des phéno-

legeremus litteras minutissimas et numeraremus res quantumcumque parvas, et stellas faceremus apparere quo vellemus.

1. *Revue scientifique* du 8 décembre 1878, p. 538.

2. Voir un article de M. Bourgoin dans la *Revue scientifique* du 7 novembre 1874.

mènes ; mais la lecture des anciens auteurs peut devenir pour eux l'origine de découvertes qui ne se seraient pas présentées autrement à leur esprit. Je ne saurais donc souscrire à ces paroles de M. Claude Bernard : « La science, qui représente ce que l'homme a appris, est essentiellement mobile dans son expression ; elle varie et se perfectionne à mesure que les connaissances acquises augmentent. La science du présent est donc nécessairement au-dessus de celle du passé, et il n'y a aucune espèce de raison d'aller chercher un accroissement de la science moderne dans les connaissances des anciens. Leurs théories, nécessairement fausses, puisqu'elles ne renferment pas les faits découverts depuis, ne sauraient avoir aucun profit réel pour les sciences actuelles. Toute science expérimentale ne peut donc faire des progrès qu'en avançant et en poursuivant son œuvre dans l'avenir. Ce serait absurde de croire qu'on doit aller la chercher dans l'étude des livres que nous a légués le passé[1]. »

Il est surprenant qu'un esprit aussi lucide, après avoir signalé avec force, comme il l'a fait souvent, la nature individuelle du génie et le caractère spontané de l'hypothèse, ait prononcé une proscription aussi absolue contre la recherche de la vérité dans l'œuvre de nos devanciers. La pensée de Pascal au sujet de l'*autorité* des anciens est parfaitement juste ; celle de Claude Bernard au sujet de l'*inutilité* de leurs écrits est visiblement fausse. Si Kopernik s'était conformé à cette manière de voir, la théorie du

1. *Introduction à l'étude de la médecine expérimentale*, partie II, chap. II, § 10.
2. Voir ci-dessus, à l'article de l'indépendance de la recherche.

mouvement de la terre aurait peut-être été retardée fort longtemps, et il n'est nullement certain que Fresnel eût découvert l'explication des phénomènes de la lumière, s'il n'avait pas pris connaissance des opinions énoncées par Descartes, Huyghens et Euler, et avait admis, sans autre examen, que la physique de son temps était plus avancée sous tous les rapports que celle du XVIIe siècle. La science marche comme un fleuve qui se grossit en avançant ; mais, à certaines époques, l'opinion générale est engagée dans des remous qui coulent en sens contraire du courant. Lorsque la rose de Jéricho a atteint l'époque de la maturité sa semence s'enveloppe d'une écorce rigide et roule, poussée par les vents, avec le sable du désert. Elle peut rester longtemps inféconde ; mais, rencontre-t-elle un lieu propice à la végétation, elle se développe, plonge ses racines dans le sol et produit sa fleur. Les idées scientifiques ont parfois une destinée analogue.

CONCLUSION

Nous venons de passer en revue les conditions des hypothèses sérieuses. Ces conditions ne sont pas la cause des découvertes, cause qui réside dans la spontanéité individuelle de la pensée. Le sol de la science n'a été que trop souvent encombré de conjectures vaines, auxquelles l'esprit systématique s'est attaché avec obstination; c'est là une des sources de la réaction aveugle qui a voulu proscrire le principe générateur des théories nouvelles. La vérité est qu'on n'a pas moralement le droit de livrer au public des suppositions sans bases sérieuses. Le magistrat n'a pas le droit de fairè arrêter un homme sur une conjecture absolument vague; sans cela, personne ne serait en sûreté. Pour justifier une arrestation, il faut des indices qui fassent de la culpabilité d'un individu une hypothèse judiciaire sérieuse; mais, si l'on n'arrêtait personne avant d'avoir une certitude absolue, l'action de la justice serait paralysée. De même, on ne doit pas livrer au public des suppositions vaines ; mais, si l'on ne supposait rien, la science serait à jamais stationnaire.

La considération de la nature personnelle du génie permet d'apprécier la valeur relative, pour l'avancement de la science, des secours extérieurs, tels que les collections, les laboratoires et les bibliothèques. Ces secours sont indispensables. La classification des naturalistes ne peut se passer des herbiers et des musées; la chimie et la physique ne sauraient faire des progrès sérieux sans le perfectionnement des instruments nécessaires aux expériences; mais la collection ne fait pas le naturaliste, le laboratoire ne produit pas le chimiste, et la bibliothèque n'engendre pas le savant. L'oiseau a besoin d'un nid, mais ce n'est pas le nid qui crée l'oiseau. Des dépenses royales, dit Leibnitz, ne remplacent pas la pénétration du génie[1]. L'abondance des secours extérieurs risque même quelquefois d'étouffer la spontanéité native de l'intelligence. Les difficultés excitent nos facultés actives; le trop de facilité les assoupit. La biographie des grands fondateurs de la science pourrait démontrer, je crois, que ce ne sont pas les savants qui ont été munis, surtout au début de leur carrière, du plus grand nombre de secours extérieurs qui ont fait les découvertes les plus considérables. Il est des époques où, selon l'heureuse expression de M. de Candolle, les sciences naturelles sont « comme submergées par l'augmentation subite des collections[2] ». Ce sont les faits digérés et non les faits bruts qui nourrissent la pensée; et, pour que la nutrition s'opère bien, une juste proportion entre la quantité des aliments et la puissance des organes digestifs est absolument nécessaire. M. le professeur Hæckel considère comme « une loi empirique, depuis longtemps constatée en Europe, que les résultats scientifiques obtenus dans un institut sont en

1. *Nouveaux essais sur l'entendement humain,* livre IV, chap. XII, § 13.
2. *Histoire des sciences et des savants depuis deux siècles*, p. 465.

raison inverse de sa grandeur, et que la valeur intrinsèque des travaux publiés est en raison inverse de l'éclat extérieur de l'installation[1]. » La valeur de cette remarque est considérablement atténuée par le fait qu'elle se trouve insérée dans une diatribe violente contre Agassiz, et qu'elle a pour but de déprécier les services rendus par ce naturaliste célèbre. Mais M. Hæckel cite à l'appui de sa thèse un certain nombre de faits dignes d'être pris en considération.

Pour utiliser les secours extérieurs, il faut des intelligences cultivées dans des âmes laborieuses et éprises de l'amour de la vérité. L'éducation des hommes est donc une des conditions essentielles du progrès scientifique. C'est entrer dans une voie fausse que de diriger l'instruction dans le sens d'un réalisme étroit, et de croire que l'important est d'entasser dans la mémoire, dès le début de la vie, une multitude de faits. Les faits peuvent toujours s'apprendre. L'important dans l'éducation de la jeunesse est de préparer l'instrument de nos connaissances pendant qu'il est souple. Même au point de vue spécial du progrès scientifique, il importe moins d'enseigner aux jeunes gens telle ou telle chose déterminée que de fortifier leur intelligence et de les mettre ainsi sur la voie du travail fructueux et des découvertes. Une éducation bien dirigée ne créera pas le génie ; mais elle préparera le terrain sur lequel le génie pourra le mieux porter tous ses fruits. Un des éléments de cette préparation est la connaissance des principes qui doivent diriger l'esprit dans la recherche de la vérité.

1 *Revue scientifique*. du 25 novembre 1876 p,. 513, note.

TROISIÈME PARTIE

PRINCIPES DIRECTEURS DES HYPOTHÈSES

Un élément d'expérience se trouve au début de toutes les opérations de la pensée. Un fait est observé ; l'explication de ce fait est l'objet d'une hypothèse qui devient l'origine d'observations nouvelles ; mais qu'est-ce qui guide la pensée dans le choix entre les conjectures en nombre indéfini qui peuvent s'offrir pour l'explication des faits ? Ici interviennent certaines idées régulatrices qui sont les principes directeurs des hypothèses fécondes. Nous les étudierons d'abord dans les sciences particulières, puis dans la science en général.

CHAPITRE PREMIER

PRINCIPES DES SCIENCES PARTICULIÈRES

Lorsque l'objet d'une science particulière a été déterminé, il en résulte une direction précise pour les travaux; on sait dans quel ordre d'idées il faut chercher l'explication des phénomènes, et on ne cherche plus ailleurs.

1° Physique

La physique, au sens le plus général de ce terme, c'est-à-dire la science du monde inorganique, cherche maintenant toutes ses explications dans les divers agrégats et les divers mouvements d'une matière résistante, mais inerte. Aucun savant de nos jours ne recourra pour l'explication des phénomènes à l'idée que la matière a des qualités psychologiques, des affections, des répugnances, idées qui avaient cours au xvie siècle, et dont on trouve la trace jusque dans les écrits de Bacon. La science contemporaine n'admet pas non plus, comme on le faisait encore au début de notre siècle, des propriétés spécifiques propres à diverses matières et à différents fluides. Si l'on sépare la partie objective des phénomènes des sensations qui leur correspondent, la disposition des corps et leurs mouvements doivent tout expliquer, en partant de l'idée que le corps ne modifie jamais son propre mouvement. A cette doctrine capitale de l'inertie se joint celle de la constance de la force motrice. Les physiciens de l'époque actuelle n'admettent pas, comme des savants de premier ordre, Newton par exemple, l'admettaient encore aux XVIIe et XVIIIe siècles, qu'un mouvement disparaisse sans se transformer en un autre mouvement. On part de l'idée que la force motrice manifestée dans la nature n'augmente ni ne diminue. Il en résulte que toute la physique se ramène à la mécanique, qui emprunte elle-même ses moyens d'explication aux mathématiques. Ces deux théories : celle de l'inertie de la matière et celle de la constance de la force, ont été conçues au XVIIe siècle, sous l'influence de considérations rationnelles et, après un oubli momentané, ont reparu de nos jours, confirmées par un ensemble imposant de données expérimentales. Ce ne sont pas des affirmations *a priori*, mais de grandes hypothèses, qui, une fois confirmées, ont pris le rang de principes directeurs pour les hypothèses subséquentes.

2° Biologie.

L'objet des sciences biologiques n'est pas déterminé d'une manière aussi précise que l'objet des sciences physiques. On convient toutefois assez généralement que, par opposition aux simples agrégats qui fixent l'attention du physicien, la biologie a pour objet l'étude des organismes vivants. Dans l'état actuel de nos connaissances, la vie se manifeste comme une cause de transformations particulières du mouvement universel. Cette cause présente un caractère de spontanéité, par opposition à la transformation purement mécanique des mouvements de la matière brute. Il n'est jamais prudent d'engager l'avenir; mais jusqu'ici tous les efforts tentés pour rendre raison de la vie et de la transmission de la vie par des considerations purement physiques n'ont obtenu aucun résultat satisfaisant. Le principe de la vie dans les corps organisés est le centre d'une série de phénomènes convergents, dont il forme l'unité. Il en résulte un rapport des parties au tout qui éveille l'idée de la finalité. J'ai déjà signalé ce fait [1]. Je dois revenir maintenant à l'idée de la finalité envisagée comme un principe directeur des recherches. Auguste Comte, dans la seconde période du développement de sa pensée, a vu ce sujet sous son véritable jour. Il avait affirmé, au début de son enseignement, que les phénomènes que présentent les êtres organisés sont de simples modifications des phénomènes inorganiques. Il se rétracta assez promptement et affirma que, tandis que la physique procède par pure analyse et étudie des phénomènes isolés, la biologie se trouve en présence d'un pouvoir qui domine les détails, les combine et les coordonne, et que c'est dans le but, dans la fin ou la cause finale qu'est le secret de l'organisme [2]. L'idée du but demeure étrangère, comme nous l'avons vu, aux études du physicien spécial, et n'intervient, en ce qui

1. Partie I : *Recherche des fins.*
2. Ravaisson, *La philosophie en France au* XIXe *siècle*, p. 75 et suivantes.

concerne le monde inorganique, que lorsqu'on considère ce monde dans sa totalité, et qu'on veut se rendre compte des conditions générales de son existence. L'idée du but est au contraire le principe directeur des hypothèses biologiques, c'est-à-dire des hypothèses qui ont directement pour objet les lois propres de la vie, et non les lois physiques et chimiques qui trouvent leur objet d'application dans les corps vivants. Les lois physiques et chimiques rendent compte des manifestations de la vie, mais non de la vie elle-même, de même que les lois mathématiques trouvent leur application dans l'étude des phénomènes matériels, mais sans que la déduction mathématique seule puisse rendre compte d'un phénomène matériel quelconque.

On ne peut pas nier la valeur de ces considérations, en disant que dans l'étude des corps vivants le physiologiste constate des usages et non des buts. Un usage peut être l'objet d'une simple constatation, mais la *recherche* d'un usage implique la présupposition du rapport d'un moyen à un but, la pensée d'un plan intelligible dont on cherche à pénétrer le secret. Demander : Quelle est la fonction de cet organe? c'est admettre que l'organe a une fonction; et l'analyse de l'idée d'une fonction révèle l'idée d'un but. Les théoriciens les plus hostiles à la recherche des causes finales ne sauraient se défaire de cette idée, dès qu'ils mettent le pied sur le terrain de la physiologie; et il est facile de surprendre, dans leurs écrits, le savant qui suit les lois de la science en pleine contradiction avec le philosophe.

La proscription systématique des causes finales date

de l'époque où ont été posées les bases de la physique moderne, et où la biologie était encore dans l'enfance. Ce n'est pas ici le lieu d'examiner ce sujet, au point de vue historique; mais on doit remarquer que les abus manifestes auxquels avait donné lieu l'emploi des causes finales expliquent, sans la justifier, la proscription absolue prononcée contre elles. On avait semblé croire quelquefois que l'idée du but offrait une explication suffisante des phénomènes; c'était arrêter l'essor de la recherche. Il est certain que le but ou le *pourquoi* ne saurait dispenser de l'étude de la cause physique ou du *comment*. Reconnaître que les poumons ont pour but l'acte de la respiration ne dispense assurément pas d'étudier le mécanisme et la nature physico-chimique de cet acte. Le pourquoi et le comment des phénomènes sont deux recherches également nécessaires, dont l'une ne saurait, en aucune façon, remplacer l'autre. On a compromis aussi la cause finale en la présentant avec un caractère exclusif qui n'est pas d'accord avec les faits. Il existe chez les animaux des organes qui ne remplissent aucune fonction appréciable : la baleine a des dents qui ne percent pas la gencive; les mâles des mammifères ont des ébauches de mamelles qui ne produiront jamais de lait. De quelque manière qu'on interprète ces faits, il faut admettre que les êtres organisés présentent des particularités qui semblent la marque de leur espèce, et ne paraissent pas avoir un rapport direct avec la vie des individus. Il n'en reste pas moins vrai que si l'on cessait de rechercher le but des organes, c'est-à-dire leurs rapports à l'entretien de la vie, l'anatomie et la physiologie seraient arrêtées dans leur développement. On peut même dire que, dans un très grand nombre de cas, c'est la recherche du pourquoi qui a fait découvrir le comment. Je l'ai rappelé à l'occasion de la découverte de Harvey [1], et les cas analogues sont assurément nombreux dans l'histoire de la science. La proscription des causes finales a été le résultat d'une de ces réactions trop fréquentes qui font rejeter l'usage à cause des abus. Les biologistes, quelle que soit leur théorie philosophique, continueront à prendre la finalité pour le principe directeur de leurs hypothèses.

3° Psychologie.

Au-dessus des phénomènes de la vie simple, qui ne se manifestent que par des mouvements, la science rencontre des phénomènes d'un autre ordre : la sensation, l'idée, la volonté, qui ne répondent à aucune conception objective et sont irréductibles à des idées sensibles. Nous n'avons la notion des phénomènes de cet ordre que par la conscience des modes de notre être propre. Si l'on suppose une intelligence purement objective, dont les conceptions seraient bornées aux résultats de la perception externe, il serait impossible de lui donner aucune idée des faits psychiques, de même qu'il est impossible de donner à un aveugle-né la moindre idée des couleurs. Les données de la conscience ouvrent un vaste champ d'études. Ces études n'ont pas pour objet l'homme seul, mais les animaux, si l'on attribue aux animaux des éléments d'intelligence et de sensibilité. La psychologie

1. Partie I : *Recherche des fins.*

des bêtes est d'une extrême difficulté parce qu'on n'est pas fixé sur la question de savoir si les animaux ont, en quelque degré, une conscience semblable à celle de l'homme. L'activité personnelle constituée par un élément de liberté est chez l'homme, selon l'avis de psychologues éminents, la condition de la conscience. Il semble impossible de refuser aux animaux des éléments de sensation et d'intelligence ; il semble non moins impossible d'admettre l'existence de sensations qui ne seraient pas senties et d'idées qui ne seraient pas conçues. Mais si l'on affirme la conscience des animaux, et si l'on admet qu'un élément de liberté est la condition de la conscience, on est conduit à effacer la ligne de démarcation entre la nature animale et la nature humaine, ce qui soulève au point de vue strictement scientifique de nombreuses et redoutables objections. En réalité, le principe directeur des hypothèses pour l'explication de la vie psychique des animaux nous manque encore, parce que l'idée de la nature animale n'est pas solidement établie ; c'est pourquoi la question est presque toujours résolue par des *à priori* philosophiques. On fait des animaux tantôt des machines et tantôt des hommes, et ces conceptions ne répondent ni l'une ni l'autre aux exigences d'une théorie sérieusement expérimentale. Un savant contemporain [1] nous propose bien de partir de l'idée que les animaux sont « des machines conscientes » ; mais c'est là une solution purement verbale, qui devient inintelligible dès qu'on la serre de près. En effet, si l'on attribue la con-

1. M. du Bois-Reymond, si je ne me trompe.

science à la machine elle-même, on sort manifestement de toutes les données de la science de la matière. Si l'on traduit la formule en disant que les animaux sont déterminés dans toutes leurs actions par des influences extérieures, qu'ils présentent des manifestations psychiques : sensibilité, intelligence, désirs, mais sont destitués de tout principe de libre arbitre; on énonce, en faisant du terme *machine* un emploi abusif, une thèse, vraie peut-être, et qui me paraît probable; mais, comme l'acte de la volonté est chez nous le fond de la vie spirituelle, la conception d'une vie psychique privée de cet élément nous reste profondément obscure.

Lorsqu'il s'agit de l'homme, les données de la conscience nous sortent de cette obscurité. Les mots qui désignent les phénomènes de la sensibilité, de l'intelligence et de la volonté ont pour nous un sens aussi clair que ceux qui désignent les phénomènes de la matière. L'objet spécial de la psychologie est la volonté, qui suppose indivisiblement la sensibilité, l'intelligence et l'activité, de même que la conception du corps suppose indivisiblement, dans la résistance qui est sa notion fondamentale, les trois dimensions de l'espace. L'homme est doué d'une liberté relative ; il est soumis à la loi des penchants et obligé par la loi du devoir. L'action qu'il exerce, à dater du premier et du plus intime des phénomènes cérébraux, entre en combinaison avec tous les faits de l'ordre biologique et de l'ordre physique; mais les fonctions spirituelles en elles-mêmes échappent à un déterminisme absolu. Selon la judicieuse remarque de M. Claude Bernard, l'acte libre existe dans la période *directrice* des phénomènes volontaires; le déterminisme se manifeste dans la période *exécutive*[1], puisque toute volonté s'exécute par un corps soumis à l'ensemble des lois physiques et physiologiques. L'homme est donc une cause essentiellement relative et limitée dans son action; mais il est cause, principe et commencement de la portion de ses actes dont il est responsable. Cette détermination de l'objet des sciences psychologiques est la seule qui réponde aux données de l'expérience. Dans les essais de théories relatives soit aux individus, soit aux sociétés humaines, il ne faut jamais oublier la liberté et la limite de la liberté, la réalité de l'individu et la solidarité qui relie l'individu, non seulement à son espèce, mais à l'ensemble de l'univers; c'est là le principe directeur des hypothèses. Si on l'oublie, on se place sur le chemin de l'erreur. La conception d'une liberté absolue ou d'indifférence, d'une liberté qui se déterminerait sans aucun motif, échoue devant le plus simple examen des faits, et jamais aucune hypothèse sérieuse n'a été tentée dans cette direction. Souvent, au contraire, on a essayé, et on essaye encore, d'expliquer les destinées de l'homme et de l'humanité par la seule action des causes étrangères à l'individu. Ce déterminisme, fort en faveur auprès des savants dont la pensée s'est formée exclusivement dans l'étude des sciences mathématiques et physiques, se heurte dans l'individu au sentiment immédiat de son propre pouvoir, ou, pour les théoriciens qui nieraient la valeur de ce sentiment, au fait de l'obligation, qui est le fondement de l'ordre moral. Les essais de philosophie de l'histoire qui ont pour but de tout expliquer, en sup-

1. *Rapports sur les progrès et la marche de la physiologie générale en France*, p. 233.

primant la réalité des actions individuelles et spontanées, n'ont abouti qu'à des constructions fantastiques. Ce n'est pas, du reste, le passé seul qui est en cause ici. Si l'humanité, dans son développement, était régie par des lois absolues semblables à celles de la matière inerte, dès que ces lois seraient connues, la prévision de l'avenir devrait en résulter aussi bien que l'explication du passé. Les astronomes déterminent les époques précises auxquelles se produiront les éclipses de la fin de notre siècle avec autant d'assurance que l'époque de l'éclipse qui fut annoncée par Thalès de Milet. Les partisans du déterminisme historique ont tenté quelquefois des prévisions de cette nature, mais le résultat n'a pas été favorable. Il existe assurément des lois psychologiques. Ces lois produisent des phénomènes historiques qu'il est permis de prévoir, mais d'une manière générale seulement, et, si l'expression m'est permise, sous bénéfice d'inventaire. Lorsqu'on méconnaît le principe directeur des hypothèses psychologiques, on veut prévoir le détail des événements, à la façon des astronomes, et l'on s'attire ainsi de cruels démentis. J'en citerai trois exemples. En 1829, peu de temps avant la révolution de Juillet, Victor Cousin, placé, à cette époque de sa carrière, sous l'influence prédominante des conceptions hégéliennes, annonçait, en se fondant sur une déduction philosophique, que la Charte de Louis XVIII était l'avenir, non seulement de la France, mais des sociétés européennes. En 1851, peu de temps avant le 2 décembre, j'ai entendu un professeur de philosophie de l'histoire certifier, au nom de la science, que les coups d'Etat étaient désormais impossibles. Auguste

Comte enfin, qui a affirmé de la façon la plus catégorique le déterminisme des phénomènes humains, prédisait, après la révolution de 1848, que la République ne serait jamais détruite en France et qu'il n'y aurait plus de grandes guerres en Europe. On voit que les hypothèses dirigées par le principe du déterminisme absolu des actes humains ne se trouvent pas vérifiées par les faits.

Une autre conséquence du déterminisme serait que, les lois psychologiques une fois trouvées, on pourrait régler la marche des sociétés humaines, comme on règle la marche d'un mécanisme lorsque les lois de la dynamique sont bien établies. C'était le fond des conceptions de Fourrier, comme c'est le fond de toutes les illusions des réformateurs socialistes qui attendent tout du jeu des institutions. Les expériences tentées dans cette voie n'ont pas obtenu un bon résultat. L'homme n'entre pas dans une organisation de la société avec la docilité absolue dont font preuve dans un mécanisme les molécules de la matière.

Les partisans du déterminisme ne contestent pas la réalité de ces faits, mais ils en contestent la portée. Ils pensent que ce qu'on ne peut pas aujourd'hui on le pourra plus tard. Notre astronomie prédit les éclipses et, d'une manière générale, la position relative des astres à un moment quelconque. La prévision certaine des phénomènes météorologiques échappe encore à notre science; elle sera possible à une science plus avancée, il est permis de le penser. Plus un objet se complique, plus sa connaissance exacte devient difficile; et c'est seulement parce que l'homme est le plus compliqué de tous nos objets d'étude, qu'il garde à nos yeux l'apparence de la liberté. La liberté n'est qu'un mot qui sert à couvrir notre ignorance des causes nécessitantes ; mais cette ignorance fera place peu à peu au savoir. Après avoir trouvé les lois qui nous permettront d'annoncer avec certitude la marche des vents et la formation des nuages, nous arriverons enfin à voir en pleine lumière l'origine toujours parfaitement déterminée des actions humaines, et nous pourrons prévoir la destinée des sociétés aussi bien que les phases des phénomènes naturels. Ces affirmations sont visiblement le résultat d'une conception *à priori*, en vertu de laquelle on étend aux faits psychiques une manière de voir formée dans l'étude de la physique. Il n'est pas nécessaire d'aborder ici cette discussion philosophique. Au point de vue logique, il est certain que, dans l'état actuel de nos connaissances et de nos observations, le déterminisme absolu des phénomènes humains est un principe d'explications qui se trouvent fausses. L'idée de la liberté relative demeure, en psychologie, le principe directeur des hypothèses sérieuses. Libre à chacun de penser que l'idée de la volonté, considérée comme une cause, est une explication provisoire; mais ce provisoire nous est nécessaire, et les théoriciens qui ne l'admettent pas tombent dans de manifestes erreurs.

CHAPITRE II

PRINCIPES DE LA SCIENCE EN GÉNÉRAL

Il existe donc pour les sciences particulières des principes directeurs des hypothèses, principes qui varient selon l'objet de chaque science. La réduction de tous les phénomènes au mouvement de la matière, la loi d'inertie et la théorie de la constance de la force sont les principes directeurs de la physique. La spontanéité des êtres vivants combinée avec les lois qui régissent la matière inerte, et la finalité en vertu de laquelle cette spontanéité maintient, pendant un temps déterminé, la vie de l'individu et, d'une manière indéfinie, la vie de l'espèce, sont les principes directeurs des études biologiques. L'existence de causes libres, et la combinaison incessante de leurs effets avec tout l'ensemble des forces biologiques et physiques sont les principes directeurs pour l'étude de l'homme. Au-dessus des principes directeurs des sciences particulières, nous avons à considérer des principes plus généraux, relatifs à la science dans sa totalité, ou plutôt un principe qui se manifeste dans des applications diverses.

L'esprit humain, muni de l'appareil logique, recherche les classes, les lois, les causes, les buts des phénomènes observés. Cette quadruple direction de la pensée se remarque déjà dans les manifestations de l'intelligence des enfants. Elle a été formulée par Aristote, et c'est une des erreurs de la philosophie moderne que d'avoir voulu exclure les causes et les fins des cadres de la science universelle [1]. Dans l'étude des classes, des lois, des causes et des fins, l'intelligence est dirigée par un principe propre à la raison, qui est la recherche de l'unité. La recherche de l'unité se manifeste sous trois formes principales : l'induction, qui généralise les faits, c'est-à-dire qui voit dans un cas particulier le type d'un phénomène général; la recherche de l'harmonie, soit des rapports qui unissent les choses entre elles et les rattachent à un centre commun ; la recherche de la simplicité, c'est-à-dire d'un petit nombre d'éléments et d'un petit nombre de lois exprimant les rapports de ces éléments. Le but le plus élevé de chaque science particulière peut être exprimé ainsi : rendre raison de son objet par un petit nombre d'éléments et de lois. Le but le plus élevé de la science générale peut être exprimé ainsi : par l'harmonie d'un petit nombre d'éléments expliquer l'univers. Déterminer les éléments , à partir de la complexité des phénomènes observables, c'est la tâche de l'analyse; établir les rapports de ces éléments et montrer comment ces rapports rendent raison des phénomènes observés,

1. Voir à ce sujet, dans les *Séances et travaux de l'Académie des sciences morales et politiques*, tome LXXIX, un mémoire intitulé : *De l'influence des études morales sur l'idée de la philosophie.*

c'est la tâche de la synthèse. La science générale ainsi conçue peut être désignée sous le nom de cosmologie, si l'on conserve à ce mot sa signification étymologique, qui en fait l'expression de la connaissance de l'ordre et de l'harmonie de tous les éléments de l'univers, et non pas seulement de ses éléments matériels. L'esprit humain n'arrête pas son ambition à ce but déjà si élevé; il aspire à déterminer, au-dessus d'un petit nombre d'éléments et d'un petit nombre de lois, une unité suprême qui soit la source commune des éléments et de leurs rapports. A cette aspiration la plus haute de la raison répondent les recherches de la philosophie proprement dite. La philosophie, dans la pleine et haute acception de ce terme, est la recherche d'un principe suprême d'unité, et l'existence de cette unité est le postulat de la philosophie [1].

La recherche de l'unité est le principe directeur de toutes les hypothèses scientifiques. Instinctif d'abord, et suivi dans ses conséquences sans être directement conçu, ce principe devient ensuite réfléchi. Le passage de l'état instinctif à l'état réfléchi est très ancien; Pythagore est le premier savant à nous connu qui ait formellement énoncé la thèse que l'univers est une harmonie, et que la tâche générale de la science est de ramener la diversité à l'unité. En poursuivant cette tâche, la pensée entre en lutte avec les apparences qui sont toutes en faveur de la diversité des phénomènes. Cette lutte de la raison contre les apparences et contre

1. Voir le *Postulat de la philosophie*, dans les *Séances et travaux de l'Académie des sciences morales et politiques*, tome XC.

les doctrines qui veulent demeurer attachées aux apparences forme une partie essentielle de l'histoire de la philosophie.

Il est important d'observer qu'il ne s'agit point ici d'un principe qui puisse servir de base immédiate à des déductions, mais d'un principe directeur d'hypothèses qui doivent rester constamment soumises au contrôle de l'expérience. Lorsqu'on affirmait que le ciel est parfait, que le cercle est la figure parfaite, et que par conséquent les astres se meuvent selon des circonférences de cercles, on posait *à priori* des principes dont on déduisait une affirmation fausse. La recherche de l'unité n'a rien de commun avec les principes de cette espèce. C'est une direction de la pensée purement formelle, qui ne fournit aucune loi, mais le caractère général de toutes lois, qui ne produit directement aucune théorie, mais qui met la pensée sur la voie qui conduit aux théories vraies. Dans cette vue juste de la méthode se réunissent les bons éléments du rationalisme et de l'empirisme, à l'exclusion des erreurs propres à chacune de ces deux tendances. Suivons le principe de l'unité dans ses trois applications principales.

1° Induction.

La recherche de l'unité se manifeste d'abord dans l'induction, dont le caractère est de généraliser un fait observé. La généralisation se montre spontanément dans la formation de la parole, puisque, sans la généralisation, il ne pourrait y avoir que des noms propres et aucun nom commun, ce qui rendrait impossible tout exercice un peu élevé de la pensée. L'induction réfléchie se présente d'abord sous la forme d'une conclusion du particulier au général, fondée sur plusieurs observations. C'est ainsi que le géologue qui aura trouvé un certain nombre de fois des fossiles dans un terrain déterminé s'attend à en trouver dans tous les terrains de même nature. Mais ce n'est là qu'une induction imparfaite, une simple analogie. L'induction strictement scientifique, telle qu'elle s'emploie en physique particulièrement, ne conclut pas du particulier au général, mais saisit un fait général dans un cas particulier. Le physicien multiplie les expériences pour écarter les chances d'erreur; mais d'une simple expérience supposée parfaitement exacte, et dans un cas supposé simple, il n'hésite pas à tirer une conclusion générale; la fixité des classes et des lois est la majeure de tous ses raisonnements. L'idéal de la science serait d'atteindre par l'analyse les éléments primitifs des choses : l'atome premier, la loi initiale... et de partir de là pour la synthèse. En réalité, nous n'atteignons jamais des éléments *simples*, nous restons toujours dans le complexe; mais il suffit d'atteindre des éléments *fixes* pour que l'induction soit bonne. Lorsqu'on a atteint des éléments qui, bien que composés, sont véritablement fixes, on peut sans crainte d'erreur affirmer d'un individu ce qui est vrai de sa classe; d'une classe, ce qui est vrai d'un individu envisagé dans ses éléments essentiels. Telle est la marche de la pensée; mais la pensée engagée dans cette voie est exposée à des écarts. Il arrive facilement en effet que, par une induction précipitée, on prend pour l'élément constant d'une classe d'êtres ou de phénomènes ce qui est simplement accidentel. Telle est l'erreur du botaniste qui considère comme le caractère fixe d'une espèce le produit accidentel d'actions exercées par le sol et le climat. Si une espèce présente toujours en Europe certains caractères fixes, mais que sa graine semée en Amérique ou en Australie donne naissance à des végétaux qui perdront quelques-uns de ces caractères, il sera expérimentalement démontré que ces caractères n'étaient qu'un accident. Lavoisier, ébloui par la découverte de l'oxygène, et voyant ce corps entrer dans la composition d'un grand nombre d'acides, induisit que tout acide renferme de l'oxygène. Or l'acide muriatique est une combinaison de chlore et d'hydrogène. Lavoisier, persuadé que cet acide renfermait de l'oxygène que l'on n'avait pas encore réussi à dégager, fut ainsi conduit à méconnaître le chlore, dont Davy, plus tard, devait faire la découverte.

Quand il s'agit des lois, l'erreur de l'induction consiste à prendre pour une loi constante le résultat complexe et variable des lois fixes. C'est ainsi que la loi de Mariotte, qui suffit aux besoins de la mécanique pratique, n'est pas une loi simple et rigoureuse. Les phénomènes de la pesanteur nous offrent ici un exemple plus considérable. La pesanteur varie sur le globe ; elle diminue en allant du pôle à l'équateur. Cette variation nous est expliquée par la gravitation et par la force centrifuge, dont les effets sont divers sur les divers points du globe, en raison de la forme de la terre et de son mouvement. L'induction scientifique doit donc s'appliquer à la gravitation, qui ne varie pas, et son application directe à la pesanteur nous tromperait. Des inductions précipitées sont une source considérable d'erreurs, mais sans l'induction il n'y aurait pas de science. La fixité des classes et des lois est la condition en dehors de laquelle toutes les hypothèses seraient impossibles; c'est le postulat général de tout exercice de la pensée; mais la tentative de déterminer les vraies classes et les lois véritables ne peut s'effectuer que par des hypothèses qui demeurent soumises au contrôle de l'expérience.

2° Recherche de l'harmonie.

Considérons maintenant le besoin d'unité dans son application à la recherche de l'harmonie. L'harmonie se manifeste dans les rapports qui relient des effets à leurs causes, des conséquents à leurs antécédents, des moyens à un but, des membres à un organisme, des fonctions subordonnées à une fonction principale. Saisir ces rapports est un des éléments essentiels du génie; et plus la science se développe, plus les rapports se manifestent dans toute leur étendue. Le fait de la pesanteur de l'air et des relations de cette pesanteur avec les corps plongés dans l'atmosphère ayant été constaté, on a trouvé là l'explication d'une multitude de phénomènes. Depuis que nous sommes en possession de la théorie mécanique de la chaleur, l'influence du soleil sur le développement de la vie à la surface du globe n'est plus une simple donnée d'observation, mais la manifestation d'une des principales harmonies de l'univers physique, et les conséquences de cette découverte sont loin sans doute d'être encore épuisées. Pythagore, comme je l'ai dit, a le premier, à notre connaissance, affirmé d'une manière précise le caractère harmonique du monde. Dans les temps modernes, Leibnitz a développé cette pensée avec éclat, dans sa théorie de l'harmonie préétablie et dans sa doctrine des monades. En vertu de l'harmonie préétablie, chaque monade réfléchit l'univers, c'est-à-dire qu'il n'est pas un seul des éléments du monde qui ne subisse l'action de tous les autres, et qui réciproquement n'agisse sur tous. La même idée a été exposée, avec beaucoup de charme, dans l'introduction des *Etudes de la nature* de Bernardin de Saint-Pierre. Il raconte comment il avait conçu le projet de faire l'histoire complète d'un fraisier qui croissait sur sa fenêtre, et comment il arriva à reconnaître que l'histoire entière de cette seule plante dépasserait de beaucoup les forces d'un homme, puisqu'il faudrait constater ses rapports innombrables, non seulement avec tous les insectes qui la visitent, tous les animaux microscopiques qui l'habitent, mais encore avec l'air, le soleil, toute la nature en un mot.

La recherche de l'harmonie s'égare souvent dans la considération de rapports imaginaires et devient ainsi l'origine d'hypothèses fausses. La théorie si longtemps régnante, qui plaçait la terre immobile au centre du monde et cherchait à déterminer les rapports de tous les mouvements du ciel avec ce centre supposé, offre un grand exemple des erreurs de cette espèce. Si l'opinion populaire qui établit un rapport entre l'état de l'atmosphère et les phases de la lune est contredite par l'observation, c'est encore là un exemple d'un rapport faux. L'astrologie tout entière était basée sur des conceptions de cette nature.

L'idée de l'harmonie générale des phénomènes doit être toujours présente à la pensée du savant dans le choix de ses hypothèses; l'oubli est ici une cause de fautes graves. Le botaniste, par exemple, occupé à faire la géographie des plantes, se tromperait bien souvent s'il oubliait de tenir compte de l'action des vents, des courants d'eau, des insectes et des autres animaux qui ont pu transporter des semences, c'est-à-dire s'il négligeait de considérer les rapports qui unissent la vie végétale, d'une part aux phénomènes physiques, et de l'autre à la vie animale. Le géologue ne doit pas oublier les rapports possibles de la terre avec l'état des diverses régions du ciel. On trouve dans les régions du nord de l'Europe les fossiles de végétaux qui n'existent maintenant que dans des climats plus méridionaux, et l'histoire des glaciers, telle qu'on la fait aujourd'hui, semble établir le fait de variations considérables dans la température du globe. Poisson a émis la pensée que le système solaire dont notre terre fait partie se déplace et en se déplaçant s'approche ou s'éloigne de certaines constellations, ce qui modifie sa température [1]. L'hypothèse, je le crois, n'est pas vérifiable dans l'état actuel de l'astronomie, mais il est certain qu'on risquerait de s'égarer si l'on refusait de tenir compte, à titre d'explication possible, des considérations de cette nature. L'étude de l'atmosphère terrestre appartient spécialement au physicien et au chimiste; mais elle demeure incomplète si l'on néglige les rapports de l'atmosphère avec la vie organique, si l'on ne tient pas compte des germes vivants qui paraissent être répandus avec profusion dans l'air, et avoir une influence marquée sur sa transparence.

1. *Annales de chimie et de physique*, tome LXIV. — Voir Bordas-Demoulin. *Le cartésianisme*, tome I, p. 315.

D'une manière générale l'hypothèse qui se renferme dans la considération d'une seule classe de phénomènes risque d'avoir une base étroite et fausse; il faut toujours avoir en vue le rapport de chacune des parties du monde avec l'ensemble. Pour ne pas l'oublier, qu'on se rappelle les monades de Leibnitz et le fraisier de Bernardin de Saint-Pierre.

3° Recherche de la simplicité.

La tendance à l'unité se manifeste par l'effort de la pensée pour atteindre le plus petit nombre possible de lois et d'éléments. A égalité d'explication des phénomènes, les savants préfèrent l'explication la plus simple. L'histoire de la science établit que c'est dans cette voie que se trouve la vérité, et justifie ainsi la devise de Boerhave : « Le simple est le signe du vrai. » C'est le développement de l'astronomie qui nous offre ici les exemples les plus illustres et les plus abondants. Alphonse, roi de Castille, était choqué de la multitude de cercles et d'épicycles dans lesquels on faisait mouvoir les corps célestes pour expliquer les apparences du ciel, et il exprima un jour sa pensée à cet égard par ces paroles vives : « Si Dieu m'avait appelé à son conseil, les choses eussent été dans un meilleur ordre. » Le mot du Garo de La Fontaine se trouvait ici à sa place, parce que le roi de Castille ne visait pas dans sa parole l'œuvre du Créateur, mais les théories embarrassées au moyen desquelles on voulait en rendre compte. Kopernik fut choqué, comme le roi Alphonse, de l'extrême complication du système de Ptolémée; c'est ce qui le décida à parcourir les écrits des anciens, pour voir s'il n'y découvrirait pas quelques théories plus simples. La lutte entre la doctrine nouvelle et les systèmes anciens dura jusqu'à l'époque des découvertes de Newton, qui mirent hors de doute, pour le monde savant tout entier, les théories de Kopernik. Le grand argument employé par les défenseurs de la doctrine nouvelle dans cette lutte prolongée fut la simplicité relative des explications de Kopernik. Galilée en appelle plusieurs fois au principe que la nature ne fait pas intervenir beaucoup de causes pour réaliser ce qui peut se faire avec un nombre moindre [1]. Ce n'est pas seulement dans la lutte relative au mouvement de la terre que Galilée fait usage de cette pensée, il énonce formellement, et d'une manière générale, la règle de méthode que la recherche du simple doit être le principe directeur des hypothèses : « Les lois de la nature, dit-il, sont les plus simples qu'il se puisse : il n'est pas possible de nager mieux que les poissons ou de voler mieux que les oiseaux. Elevons donc notre pensée jusqu'à la règle la plus parfaite et la plus simple ; nous formerons la plus vraisemblable des hypothèses. Suivons-en curieusement les conséquences ; que les mathématiques les transforment sans scrupule en théorèmes élégants, nous ne risquons rien. La géométrie a étudié déjà bien des courbes inconnues à la nature et dont les propriétés ne sont pas moins admirables ; c'est à elle seule aussi qu'appartiendront nos résultats, si l'expérience ne les confirme pas [2]. » Descartes reconnaît que le système de Tycho peut rendre raison des apparences célestes aussi bien que

1. Édition Alberi, tome I, p. 130, 429, 430.
2. Joseph Bertrand, *Les fondateurs de l'astronomie moderne*, p. 261.

celui de Kopernik, mais il préfère ce dernier, parce ce qu'il est « plus simple et plus clair [1] ». Il est naturel de penser que la théorie du mouvement de la terre prévalut parce qu'elle rendait compte des phénomènes mieux que le système de Ptolémée ; mais, si l'on entendait par ce *mieux* l'explication de faits qui restaient inexpliqués dans les théories précédentes, on se tromperait. Dans un système comme dans l'autre, on expliquait tous les phénomènes. Mais la doctrine de Kopernik satisfaisait mieux le besoin profond de la raison orientée vers l'unité [2]. L'argument qui historiquement a fait le triomphe de cette théorie figure encore dans nos traités d'astronomie les plus modernes. Voici par exemple comment s'exprime M. Delaunay : « Le mouvement diurne peut être expliqué de deux manières différentes : ou bien la terre est immobile et les étoiles se meuvent d'un mouvement commun de rotation, d'orient en occident, autour d'un axe qui passe à son intérieur ; ou bien, au contraire, les étoiles ne se déplacent pas, et la terre tourne d'occident en orient autour du même axe. Dans l'un et l'autre cas, les apparences sont exactement les mêmes pour un observateur placé sur la terre. Examinons quels sont les motifs qui peuvent faire adopter une de ces hypothèses de préférence à l'autre..... Il est infiniment plus *simple* et plus naturel d'admettre que ce mouvement diurne des étoiles n'est qu'une apparence due à la rotation dont la terre est animée autour d'un de ses diamètres [3]. »

1. *Les principes de la philosophie*, partie III, § 17.
2. Voir à ce sujet le *Cosmos* de Humbolt, partie II, p. 371 ; le *Nouveau traité de la pluralité des mondes* de Huyghens, p. 22 et 23.
3. *Cours élémentaire d'astronomie*, § 75.

Lorsque Newton réussit à ramener à la seule loi de la gravitation les trois lois établies par Képler, l'enthousiasme presque sans exemple qu'excita sa découverte provenait avant tout de la simplicité majestueuse de cette conception nouvelle. Cette simplification obtenue dans les théories astronomiques, Newton l'avait cherchée. Ce grand maître de la méthode expérimentale était fort éloigné de l'empirisme de quelques-uns de ses prétendus disciples. Il savait que toutes nos théories doivent être soumises au contrôle de l'expérience; mais il savait aussi que, dans la recherche des théories, l'esprit humain doit être guidé par des principes. En tête de son troisième livre des *Principes mathématiques de la philosophie naturelle*, il indique les règles qu'il faut suivre dans l'étude de la physique, et sa règle première est celle-ci : « Il ne faut admettre de causes que celles qui sont nécessaires pour expliquer les phénomènes. La nature ne fait rien en vain, et ce serait faire des choses inutiles que d'opérer par un plus grand nombre de causes ce qui peut se faire par un plus petit. » Cette règle est empruntée presque textuellement aux écrits de Galilée, et Galilée lui-même l'indique comme un axiome admis par tous les philosophes. Laplace applique un génie mathématique de premier ordre à compléter l'œuvre de Newton. Il réussit à établir la stabilité du système du monde, c'est-à-dire à montrer que la loi de la gravitation doit rectifier par elle-même certaines aberrations du système solaire qui, dans la pensée de Newton, auraient nécessité, après un certain laps de temps, une intervention spéciale de la puissance créatrice. C'est là une application magistrale de la première règle de Newton, et un pas important dans le sens de l'interprétation simple des phénomènes de la nature. Laplace a-t-il marché dans cette direction fortuitement, ou en suivant, sans s'en rendre compte, l'impulsion reçue de ses devanciers? Nullement. Il recherchait, en ayant conscience du principe directeur de ses travaux, « cette belle simplicité qui nous charme dans les moyens de la nature [1], » et, lorsqu'il place la loi d'inertie à la base de son œuvre, le grand argument qu'il invoque à l'appui de cette loi est celui de la simplicité [2]. Dans son *Histoire des fondateurs de l'astronomie*, M. Joseph Bertrand signale, au moins neuf fois, l'influence exercée sur les progrès de la science par l'idée de la simpicité des lois de la nature ; et ce fait est d'autant plus significatif que l'ouvrage de M. Bertrand n'est point écrit au point de vue spécial de la logique [3].

Si de l'astronomie nous passons à la physique, nous trouverons les grandes hypothèses dirigées par le même principe. Dans un discours prononcé en 1845, M. de La Rive indiquait la substitution de la théorie de l'ondulation à la théorie de l'émission comme l'idée dominante de la physique au XIXe siècle : « Cette idée, dont la conception est moins facile et qui se prête avec plus de peine au calcul, a pourtant sur la précédente une supériorité inconstestable, par sa simplicité réelle et par son degré plus grand de généralité. Un seul fluide répandu partout, au lieu de quatre ou six

1. *Exposition du système du monde*, livre V, chap. IV.
2. *Exposition du système du monde*, livre III, chap. II.
3. Voir les pages 12, 15, 16, 25, 31, 35, 91, 128, 375, de la troisième édition.

fluides impondérables distincts; des mouvements produits par les corps pondérables dans ce fluide unique, et non des particules matérielles tantôt d'une espèce, tantôt d'une autre, émises par eux : voilà, sans aucun doute, des notions plus satisfaisantes pour l'esprit, parce qu'elles sont plus en rapport avec celles que nous fournissent les sensations dont, comme pour l'ouïe, nous avons pu nettement discerner la cause; parce qu'elles sont plus d'accord avec les faits observés; parce que, enfin, elles convergent davantage vers cette unité que nous aimons à chercher dans l'ordre physique. Un atome pesant, un fluide éthéré remplissant l'univers, un mouvement dans ce fluide produit par l'atome : c'est simple, c'est grand, c'est vrai peut-être [1]. »

Vingt années plus tard, M. de La Rive abordait le même sujet avec des développements nouveaux :

« La fin du dernier siècle et le commencement de celui-ci avaient amené une transformation remarquable dans l'étude des sciences expérimentales. Par l'effet d'une réaction contre l'esprit de système dont on avait abusé, les hommes de science n'avaient plus voulu d'autres guides que l'observation et l'expérience. Cette méthode les avait conduits à établir entre les différentes parties des sciences des distinctions bien tranchées qui faisaient de chacune un tout complet et isolé. Ainsi, la lumière, la chaleur, l'électricité, le magnétisme, l'affinité chimique, étaient considérés comme les effets d'agents distincts doués de propriétés spéciales. Ce n'est pas à nous qui

1. Discours prononcé à l'ouverture de la trentième session de la Société helvétique des sciences naturelles, réunie à Genève, le 11 août 1845, p. 28.

en avons largement profité à méconnaître les grands résultats qu'a produits, entre les mains de tant de savants illustres, cette analyse rigoureuse et serrée des phénomènes de la nature. Mais, à partir de 1815, une nouvelle direction est imprimée à la marche de la science : au besoin de distinguer vient se substituer celui de rapprocher. Deux faits scientifiques sont la première manifestation de cette nouvelle tendance et inaugurent brillamment le début de ce demi-siècle dont nous touchons aujourd'hui le terme. Je veux parler des recherches si remarquables par lesquelles Fresnel réussit à démontrer d'une manière irréfragable ce qui n'était encore que soupçonné, à savoir que la lumière n'est que le résultat d'un mouvement, et de l'importante découverte par laquelle Œrstedt parvint à établir la liaison entre l'électricité et le magnétisme. Ce fut là le double point de départ des nombreux travaux qui, aboutissant de nos jours à la théorie mécanique de la chaleur, ont fait découvrir entre les différentes forces physiques des rapports multipliés, et substituer dans l'idée qu'on doit se faire de leur nature la notion de mouvements à celle d'agents distincts. Nous pouvons même entrevoir déjà le moment où elles arriveront à n'être plus considérées que comme des modifications d'une force unique, et où un nouveau Laplace pourra, comme l'auteur de la *Mécanique céleste* l'a fait pour les phénomènes du ciel, ramener aux lois de la simple mécanique tous les phénomènes de la nature inorganique[1]. »

1. Discours prononcé, le 21 août 1865, à l'ouverture de la quarante-neuvième session de la Société helvétique des sciences natureles réunie à Genève, p. 3 et 4.

Laplace avait signalé lui-même, soit dans son ouvrage sur le calcul des probabilités, soit dans son *Exposition du système du Monde*, la possibilité d'arriver un jour à ramener à l'unité supérieure d'une mécanique universelle le mouvement moléculaire et le mouvement des astres.

L'importance exceptionnelle des travaux de Fresnel doit fixer l'attention sur les procédés logiques au moyen desquels il a établi, ou plutôt, ainsi qu'il le reconnaît lui-même loyalement, renouvelé et confirmé la théorie des ondulations. Son *Mémoire sur la diffraction de la lumière* fut couronné par l'Académie des sciences, en 1819. La Commission de l'Académie présenta son rapport à l'unanimité ; elle renfermait cependant, sur cinq membres, trois partisans déclarés de la théorie de l'émission : Laplace, Biot et Poisson. Ce mémoire porte cette épigraphe : *Natura simplex et fecunda.* Je transcrirai ici une partie de l'introduction, qui renferme un excellent traité de la méthode, écrit par un homme des plus compétents :

« Avant de m'occuper spécialement des phénomènes nombreux et variés compris sous la dénomination commune de *diffraction*, je crois devoir présenter quelques considérations générales sur les deux systèmes qui ont partagé jusqu'à présent les savants relativement à la nature de la lumière. Newton a supposé que les molécules lumineuses lancées des corps qui nous éclairent arrivent directement jusqu'à nos yeux, où elles produisent, par leur choc, la sensation de la vision. Descartes, Hooke, Huyghens et Euler ont pensé que la lumière résultait des vibrations d'un fluide universel extrêmement subtil, agité par les mouvements rapides des particules des corps lumineux, de la même façon que l'air est ébranlé par les vibrations des corps sonores ; de sorte que, dans ce système, ce ne sont plus les molécules du fluide en contact avec le corps lumineux qui parviennent à l'organe de la vue, mais seulement le mouvement qui leur a été imprimé.

« La première hypothèse a l'avantage de conduire à des conséquences plus évidentes, parce que l'analyse mécanique s'y applique plus aisément : la seconde, au contraire, présente sous ce rapport de grandes difficultés. Mais, *dans le choix d'un système on ne doit avoir égard qu'à la simplicité des hypothèses ;* celle des calculs ne peut être d'aucun poids dans la balance des probabilités. La nature ne s'est pas embarrassée des difficultés d'analyse, et n'a évité que la complication des moyens. Elle paraît s'être proposé de faire beaucoup avec peu : c'est un principe que le perfectionnement des sciences physiques appuie sans cesse de preuves nouvelles [1].

« L'astronomie, l'honneur de l'esprit humain, en présente surtout une confirmation frappante ; toutes les lois de Képler ont été ramenées par le génie de Newton à la seule loi de la gravitation, qui a servi ensuite à expliquer et même à découvrir les perturbations les plus compliquées et les moins apparentes des mouvements planétaires.

« Si l'on s'est quelquefois égaré en voulant simplifier

1. Si la chimie, dans ses progrès, paraît faire une exception à cet égard, cela tient sans doute à ce qu'elle est encore peu avancée, malgré les pas rapides qu'elle a faits depuis trente ans. Mais on peut déjà remarquer que les proportions des nombreuses combinaisons qu'elle présente, qui avaient paru d'abord soumises chacune à des lois particulires, sont embrassées maintenant dans des règles générales d'une grande simplicité. (Note de Fresnel.)

les éléments d'une science, c'est qu'on a établi des systèmes avant d'avoir rassemblé un assez grand nombre de faits. Telle hypothèse, très simple quand on ne considère qu'une classe de phénomènes, nécessite beaucoup d'autres hypothèses lorsqu'on veut sortir du cercle étroit dans lequel on s'était d'abord renfermé. Si la nature s'est proposé de produire le *maximum* d'effets avec le *minimum* de causes, c'est dans l'ensemble de ses lois qu'elle a dû résoudre ce grand problème.

« Il est sans doute bien difficile de découvrir les bases de cette admirable économie, c'est-à-dire les causes les plus simples des phénomènes envisagés sous un point de vue aussi étendu. Mais, si ce principe général de la philosophie des sciences physiques ne conduit pas immédiatement à la connaisance de la vérité, il peut néanmoins diriger les efforts de l'esprit humain, en l'éloignant des systèmes qui rapportent les phénomènes à un trop grand nombre de causes différentes, et en lui faisant adopter de préférence ceux qui, appuyés sur le plus petit nombre d'hypothèses, sont les plus féconds en conséquences. Sous ce rapport, le système qui fait consister la lumière dans les vibrations d'un fluide universel a de grands avantages sur celui de l'émission. »

(Suit la preuve, en onze pages, de la complication du système des émissions, et de la simplicité relative de celui des ondulations.)

« La multiplicité, la complication des hypothèses n'est pas le seul défaut du système de l'émission. En admettant même toutes celles que je viens d'énoncer, je ferai voir, dans la suite de ce mémoire, qu'on ne parviendrait pas à l'explication complète des phénomènes, et que la seule théorie des ondulations peut rendre compte de tous ceux que présente la diffraction de la lumière[1]. »

On voit quelle a été l'origine d'une des théories qui ont renouvelé la science moderne. Observer, supposer, vérifier : telle est la méthode de Fresnel. Supposer, en préférant les explications les plus simples : tel est pour lui le principe directeur des bonnes hypothèses. On remarquera qu'il argumente bien du fait que le système des ondulations explique des phénomènes dont la théorie de l'émission ne rend pas compte, mais c'est pour lui l'argument secondaire ; tout l'effort de sa pensée consiste à démontrer que sa doctrine est plus vraie que celle qu'il veut remplacer, parce qu'elle est plus simple.

Lavoisier opposa à la doctrine du phlogistique les résultats de l'emploi de la balance, qui a créé la chimie moderne. Sûr de ses expériences, il attaqua de front la doctrine reçue, en lui opposant cet argument : « L'intervention du phlogistique n'est point nécessaire pour expliquer les faits ; c'est une supposition à rejeter, parce que, loin de simplifier la théorie, elle la complique[2]. » C'était une application directe de la règle de Newton et de Fresnel.

La physiologie moderne n'obéit pas moins que l'astronomie, la physique et la chimie au besoin rationnel de simplifier la science. Aux actions indéfiniment diverses d'une force vitale inconnue, il s'agit de substituer un petit nombre de lois rattachées aux propriétés d'un petit nombre

1. *Œuvres complètes* d'Augustin Fresnel, tome I, p. 217 à 261.
2. Leçon publique de M. Marignac, faite à Genève, le 2 mars 1875.

d'élements. « Les progrès de cette science, dit M. Claude Bernard, tendent à déterminer les propriétés et les conditions d'existence des éléments organiques qui constituent les radicaux physiologiques de la vie. » Et ailleurs : « L'objet de la physiologie générale sera de distinguer expérimentalement trois éléments absolument inséparables (le nerf sensitif, le nerf moteur et le muscle) et de montrer que c'est de leurs propriétés physiologiques élémentaires que se déduisent les explications de tous les phénomènes nerveux les plus complexes [1]. »

Voilà donc des savants connus par le nombre et la valeur de leurs découvertes, qui nous livrent eux-mêmes leur secret, en nous indiquant les principes directeurs de leurs travaux. Ce sont pour ainsi dire des horlogers qui ouvrent une montre et mettent à nu sous nos yeux le ressort moteur du mécanisme. D'autres savants se bornent à suivre le courant, à obéir à l'instinct de la raison et à l'impulsion de leurs devanciers, sans se rendre compte d'où vient l'esprit dont ils sont animés; mais, lorsqu'ils se croient de purs observateurs, lorsqu'ils affirment se placer devant les faits, en l'absence de tout principe directeur de la pensée, ils se font illusion. Leur œuvre rend témoignage contre eux. Dès qu'ils s'élèvent à une théorie quelconque, ils cherchent l'unité dans quelques-unes de ses manifestations. Tout le monde admet que la généralisation est un progrès de la science; or généraliser, c'est tendre à l'unité. L'expérience est la base nécessaire et le contrôle obligatoire de toute affirmation scientifique;

1. *Rapport sur les progrès et la marche de la physiologie générale en France*, p. 9 et 15.

mais, dès que la pensée entreprend d'expliquer les faits constatés par l'expérience, elle est dirigée, qu'elle le sache ou qu'elle l'ignore, par la recherche de la simplicité et de l'harmonie.

La question se compliquerait si nous abordions ici le domaine de la psychologie. La science a pour mission de rechercher la simplicité et l'harmonie des lois du monde spirituel comme des lois de la nature ; mais l'existence de libertés relatives qui peuvent violer les lois, sans échapper définitivement à leur empire, place l'étude dans des conditions spéciales. Les considérations de cet ordre m'éloigneraient du but direct de mon étude. Ce but sera d'autant mieux atteint qu'il le sera dans le domaine des sciences mathématiques, physiques et naturelles, parce que ce domaine est celui d'où l'on a tenté le plus souvent d'exclure totalement l'hypothèse et les principes directeurs de la pensée.

CHAPITRE III

ORIGINE DES PRINCIPES DIRECTEURS DE LA SCIENCE

Quelle est l'origine des principes directeurs que nous venons de passer en revue? Les principes des sciences particulières sont des hypothèses confirmées dont la valeur se mesure au degré de leur confirmation expérimentale. Si l'on réussissait un jour à réduire les phénomènes de la vie au pur mécanisme, la direction des recherches biologiques se trouverait modifiée, puisque la biologie disparaîtrait, à titre de science spéciale, pour se fondre dans la physique. Quant à la recherche de l'unité, ce n'est pas une hypothèse, mais le principe directeur de toutes les hypothèses ; c'est une loi de la raison qui constitue le postulat général de la science. L'homme n'a pas trouvé fortuitement l'harmonie des choses et la réduction de phénomènes complexes à des élements simples. Ses recherches sous ce rapport ne sont pas le résultat d'une découverte faite par hasard dont il a généralisé les résultats. « L'image du cosmos, qui s'est révélée primitivement au sens intérieur comme un vague pressentiment de l'harmonie et de l'ordre dans l'univers, s'offre aujourd'hui à l'esprit comme le fruit de longues et sérieuses observations. » Ainsi parle M. de Humbolt[1]. M. Helmholtz disait aux naturalistes allemands réunis à Inspruck, en 1869 : « La grande masse des phénomènes s'ordonne de plus en plus sous la main de la science; les doutes concernant l'existence de lois immuables des phénomènes disparaissent chaque jour; l'on découvre des lois toujours plus grandes et plus générales! Les résultats pratiques montrent qu'on est dans la bonne voie[2]. » Ce sont les résultats pratiques, en effet, qui garantissent à la raison que ses lois fondamentales sont d'accord avec les lois de l'univers, et qui la prémunissent ainsi contre les atteintes du scepticisme; mais les tendances de la raison que l'expérience vient justifier ont été le principe directeur et non pas le résultat de l'expérience. L'homme en effet, comme le dit M. Bertrand, « croit en dehors de toute démonstration à l'harmonie de l'univers et à la simplicité de son mécanisme[3]. » Si la pensée de l'harmonie universelle était une induction de l'expérience, on la verrait se développer et s'affermir à mesure que la base d'observation s'étend; or ce n'est point le cas. Les affirmations les plus hardies auxquelles puisse s'élever la science contemporaine ne sauraient dépasser sous ce rapport les doctrines des pythagoriciens. M. Bertrand observe à l'appui de sa thèse que l'histoire de l'astronomie nous montre l'esprit humain allant au devant de la vérité expé-

1. *Cosmos*, tome I, p. 2.
2. *Revue des cours scientifiques* du 8 janvier 1870, p. 95.
3. *Les fondateurs de l'astronomie moderne*, 3e édition, p. 113.

rimentalement établie, pour affirmer par avance la beauté et l'ordre général du système du monde. Des exemples tirés d'autres sciences nous offrent la confirmation de cette pensée.

Les progrès de la chimie ont eu pour effet d'augmenter considérablement le nombre des corps considérés comme simples; mais ces corps irréductibles, dans l'état actuel de la science, sont-ils vraiment des éléments primitifs? Le 9 janvier 1866, M. le professeur Marignac disait, à l'Athénée de Genève, que différents faits révélés par l'observation éveillent naturellement la pensée que nos corps simples pourraient bien avoir une origine commune, c'est-à-dire être les combinaisons diverses d'atomes primitifs semblables. Il ajoutait que les agents physiques dont nous disposons et que nous voyons agir dans la nature : la chaleur, l'électricité, l'affinité, ne peuvent pas décomposer nos corps simples et ne paraissent pas avoir contribué à leur formation première, d'où il concluait que l'existence d'une seule matière primitive restera toujours une pure théorie. Nous ne pourrons pas, dans nos laboratoires, désagréger les éléments primitifs d'un corps pour en faire un autre, nous ne pourrons pas séparer les atomes élémentaires du plomb et les combiner autrement pour en faire de l'or; mais nous pouvons concevoir que ce que nous ne saurions faire ait été réalisé dans la nature. On voit ici l'idée de l'unité apparaître dans l'esprit d'un savant éminemment circonspect et sérieux. Cette idée s'est-elle produite à la suite des observations relativement récentes qui ont révélé les équivalents chimiques, les rapports entre le poids des atomes, etc.? Nullement. En 1815,

William Prout avait émis l'hypothèse que les corps que nous appelons simples, parce que nous n'avons pas réussi à les décomposer, sont des multiples de l'hydrogène, en sorte que l'hydrogène serait la matière primitive dont les agrégats divers ont constitué tous les autres corps. L'idée de Prout n'a pas résisté à l'examen en ce qui concerne l'hydrogène; mais on voit qu'elle n'a pas disparu de l'esprit des savants, en ce qui concerne la recherche d'un élément unique de la matière. Longtemps avant Prout, Boyle avait émis l'idée que toute la diversité des corps pourrait provenir d'éléments qui ne différeraient entre eux que par la grandeur et la figure. « Quel que soit le nombre des éléments, on démontrera peut-être un jour qu'ils consistent dans des corpuscules insaisissables, de formes et de grandeurs déterminées, et que c'est de l'arrangement de ces corpuscules que résulte le grand nombre des composés que nous voyons. Si, avec des briques de même dimension et de même couleur, nous construisons des ponts, des routes, des maisons, par un simple changement dans la disposition de ces matériaux de même espèce, quelle multitude de composés ne doivent pas produire les groupements variés de ces corpuscules primitifs que nous ne supposons pas tous d'égale forme, comme les briques [1]. » Il est impossible de ne pas reconnaître dans ce passage la pensée de l'explication mécanique des phénomènes chimiques, pensée conçue, sans aucun doute, sous l'influence de Descartes. Boyle avait onze ans, en 1637, au moment de la publication du *Discours de la méthode*. Leibnitz se plaint avec vivacité de

1. *Philosophical Works,* tome I, p. 193.

l'abandon de ce point de vue, et du retour à l'idée de propriétés essentielles des différentes matières, retour qui devait caractériser la physique, à la fin du XVIIIe siècle. A la suite de considérations générales sur ce qu'il faut entendre par la nature et la force des créatures, il écrit : « C'est par là que tombent les attractions proprement dites et autres opérations inexplicables par les natures des créatures, qu'il faut faire effectuer par miracle, ou recourir aux absurdités, c'est-à-dire aux qualités occultes scolastiques, qu'on commence à nous débiter sous le spécieux nom de forces, mais qui nous ramènent dans le royaume des ténèbres. C'est *inventa fruge glandibus vesci*. Du temps de M. Boyle et d'autres excellents hommes qui fleurissaient en Angleterre, sous les commencements de Charles II, on n'aurait pas osé nous débiter des notions si creuses. J'espère que ce beau temps reviendra, sous un aussi bon gouvernement que celui d'a présent, et que les esprits, un peu trop divertis par le malheur des temps, retourneront à mieux cultiver les connaissances solides. Le capital de M. Boyle était d'inculquer que tout se faisait mécaniquement dans la physique. Mais c'est un malheur des hommes, de se dégoûter enfin de la raison même et de s'ennuyer de la lumière [1]. »

La recherche du simple est donc si peu, en chimie, le résultat de l'observation et de l'expérience, que l'observation et l'expérience ont eu pour effet de multiplier les corps simples. Nous voyons ici la raison s'obstiner pour ainsi dire dans la recherche de l'unité, et peut-être avec

1. *Cinquième écrit de M. Leibnitz, ou réponse à la quatrième réplique de M. Clarke*, § 113 et 114. Edition Erdmann, p. 777.

excès, car l'idée de la parfaite similitude des atomes primitifs pourrait bien être l'abus et non le légitime usage de la recherche de l'unité.

La physique, au début de ce siècle, admettait, comme nous l'avons déjà vu, l'existence de plusieurs fluides à propriétés spéciales. Les découvertes d'Œrstedt et d'Ampère sur les rapports de l'électricité et du magnétisme, les travaux de Fresnel sur la lumière, les rapports précisés, par la science contemporaine, entre la chaleur et le mouvement, ont donné une autre direction aux recherches, et mis en honneur la pensée d'un fluide unique. Nous avons entendu M. de La Rive signaler le fait. L'idée de l'unité d'un fluide dont les mouvements divers constitueraient la chaleur, la lumière et le magnétisme est-elle née des travaux scientifiques de l'époque contemporaine indiqués par ce savant? Assurément pas. Toute l'école cartésienne a affirmé au XVIIe siècle et au commencement du XVIIIe que la chaleur, abstraction faite de la sensation, n'est qu'un mouvement, que la lumière est une action et non une substance; elle a affirmé l'unité primitive de la matière pondérable et de la matière impondérable. Le système du monde dans lequel Descartes, imbu d'une fausse méthode, s'est livré à son imagination en croyant faire des déductions *à priori*, a succombé devant les résultats de la science expérimentale; mais le principe directeur de Descartes : la recherche de l'explication de tous les phénomènes physiques par des lois mécaniques [1], a inspiré les hypothèses qui ont constitué la science con-

1. Voir, dans la *Revue scientifique* du 15 mai 1875, un article sur les origines de la physique moderne.

temporaine. Les prolégomènes de Fresnel s'opposent absolument à ce qu'on considère l'influence de l'école cartésienne comme étrangère à la production de la physique moderne ; et il n'est pas admissible que les auteurs de la théorie mécanique de la chaleur n'aient pas subi directement, ou par des intermédiaires, l'influence de cette école. On voit donc qu'en physique, ainsi qu'en chimie, la recherche de l'unité a précédé sa confirmation expérimentale.

L'astronomie moderne nous offre un grand exemple de la même vérité. Newton pensait, comme nous l'avons déjà dit, que le système du monde tel qu'il existe devait, sous l'empire des lois qui nous sont connues, s'altérer à la longue, et exiger une nouvelle intervention de la puissance créatrice. Laplace a réussi à démontrer que les lois connues suffisent pour remédier aux altérations signalées et pour assurer, au moins pour une période d'une longueur immense, la stabilité du système du monde. C'est un progrès manifeste dans la conception de l'harmonie et de l'unité. Cette haute conception, Laplace l'a démontrée par l'observation et le calcul ; mais est-ce à l'observation fécondée par le calcul qu'elle doit son origine première ? En aucune sorte. On peut voir dans Maclaurin [1] que la thèse de Laplace était soutenue par Leibnitz contre les newtoniens. Laplace, sans doute, n'ignorait pas Leibnitz ; et nous savons, du reste, que, de son propre aveu, il était placé sous l'influence du sentiment naturel à la raison qui l'a fait se complaire dans la simplicité des hypothèses.

1. *Exposition des découvertes philosophiques de M. le chevalier Newton*, livre I, chap. IV, p. 87.

Divers savants contemporains, entre lesquels M. Robert Mayer occupe la première place, ont émis la théorie de la constance de la force et de la transformation des mouvements. Si l'on s'arrête aux premières apparences. on pourra croire que cette théorie est née de la découverte de l'équivalent mécanique de la chaleur, et de la généralisation de cette belle découverte. Il n'en est point ainsi. Descartes avait affirmé la permanence du mouvement de l'univers [1]. Il fut contredit par Newton, qui écrit, dans la trente et unième des questions placées à la suite de son *Optique :* « Le mouvement peut naître et périr..... Il n'y a pas toujours la même quantité de mouvement dans le monde. » Et plus loin, dans la même question, en écartant le cas de l'élasticité : « Si deux corps égaux, allant directement l'un vers l'autre avec des vitesses égales, se rencontrent dans le vide, par les lois du mouvement, ils s'arrêteront à l'endroit où ils viendront à se rencontrer, perdront tout leur mouvement et demeureront en repos. » Clarke ayant soutenu la même thèse, Leibnitz lui répondit : « J'avais soutenu que les forces actives se conservent dans le monde. On m'objecte que deux corps mous, ou non élastiques, concourant entre eux, perdent de leur force. Je réponds que non. Il est vrai que les touts la perdent par rapport à leur mouvement total ; mais les parties la reçoivent, étant agitées intérieurement par la force du concours. Ainsi ce défaut n'arrive qu'en apparence. Les forces ne sont pas détruites, mais dissipées parmi les parties menues. Ce n'est

1. Voir en particulier *Le monde,* chap. III, et les *Principes de la Philosophie,* partie II, § 36.

pas les perdre, mais c'est faire comme ceux qui changent la grosse monnaie en petite. Je demeure cependant d'accord que la quantité du mouvement ne demeure point la même, mais j'ai montré ailleurs qu'il y a de la différence entre la quantité du mouvement et la quantité de la force [1]. » Leibnitz avait rectifié la théorie de Descartes en indiquant la manière dont la vitesse doit entrer dans les calculs. Il avait établi que ce n'est pas la quantité mv, c'est-à-dire la masse multipliée par la vitesse, qu'on retrouve toujours la même, mais la quantité mv^2, c'est-à-dire la masse multipliée par le carré de la vitesse. Mais, pour le fond et l'essentiel, la théorie de la constance de la force a été soutenue par l'école cartésienne, dès le milieu du XVIIe siècle, et reproduite en termes clairs et précis, avec un correctif nécessaire, dans une discussion qui date de 1715.

Les idées fondamentales de la physique moderne ont donc deux cents ans de date. La confirmation expérimentale devait se faire longtemps attendre, et n'est point achevée encore; mais avant de confirmer une idée scientifique il faut l'avoir. Partout et toujours, l'affirmation de l'unité et de l'harmonie en a devancé la preuve. L'empirisme est aussi incapable d'expliquer l'histoire de la science, qu'il est impuissant, malgré les efforts désespérés qu'il a tentés pour cela, à ramener les notions mathématiques à une origine sensible. Toute science qui ne repose pas sur l'observation des faits est une science vaine ; mais les hypothèses explicatives se produisent sous l'influence de principes que la pensée ne reçoit pas

1. *Cinquième écrit*..... § 99. Edition Erdmann, p. 775.

du dehors, et qui sont le patrimoine de l'esprit humain. La recherche de l'unité, dans ses manifestations diverses, est la source de la science ; la faire sortir de l'observation, c'est prendre les effets pour les causes. Les tendances de la raison vers l'unité, l'harmonie, la simplicité, sont les ailes de la pensée, et c'est parce que la pensée a des ailes qu'il est nécessaire, pour emprunter une image à Bacon, de lui donner pour lest le plomb de l'expérience. Modérer par l'usage de ce plomb l'essor trop hardi de l'esprit scientifique dans les explications de la nature fut le rôle des physiciens de la fin du XVIIIe siècle et du commencement du XIXe. Les conceptions cartésiennes de l'unité de la matière, de la constance de la force, de la transformation du mouvement, se produisirent à une époque où les données expérimentales manquaient pour asseoir des théories solides ; aussi, trop pressés d'établir des théories complètes, les savants se livrèrent à la construction de systèmes imaginaires. La tendance empirique prévalut ensuite ; on s'arrêta à la diversité des phénomènes sans chercher leurs rapports. On considéra la lumière, la chaleur, l'électricité, le magnétisme, l'affinité, comme les effets d'agents distincts, doués de propriétés spéciales. Au point de vue de la théorie générale de la nature, c'était un recul ; mais il était utile, à cette époque, de concentrer l'attention sur la nature propre et la diversité des phénomènes, afin d'établir une base d'analyse sérieuse pour la synthèse future. L'esprit humain a des audaces parfois trop grandes ; il convient de retenir son élan pour lui ménager un vol, non pas plus élevé, mais plus sûr. L'organisation de la nature est conforme à celle de la pensée, sans quoi la science serait impossible. L'harmonie qui est la loi de notre intelligence est aussi la loi suprême des mouvements du ciel et de la terre.

Toutes les sciences ont une même méthode fondamentale, et sont placées sous l'influence des mêmes principes directeurs. L'étude directe de ces principes appartient à la philosophie, qui n'est que l'esprit de la science prenant conscience de lui-même et affirmant ce qu'il suppose. Ici se manifeste le vrai rapport de la philosophie et des sciences particulières. Les prétentions du rationalisme, manifestées dans la construction *à priori*, sont justement rejetées ; mais le rationalisme est *une* philosophie et non *la* philosophie. La philosophie fortifie la raison dans sa confiance en l'unité, manifestée par l'harmonie des phénomènes. Si, fidèle à la méthode vraie, elle se borne à diriger des hypothèses qui demeurent absolument soumises au contrôle de l'expérience, elle maintient les sciences dans la bonne voie. Quand la méthode sera bien comprise, on ne confondra plus les principes directeurs de la recherche avec des principes dont on puisse déduire un système. Au lieu d'opposer les philosophes aux savants, on reconnaîtra la profonde harmonie de la science générale qui fortifie en les étudiant les éléments de la raison, et des sciences particulières qui fécondent par ces éléments les données de l'expérience.

CHAPITRE IV

ABUS DE LA RECHERCHE DE L'UNITÉ

La tendance à l'unité manifestée dans l'induction, dans la recherche de l'harmonie et dans la recherche de la simplicité, est le principe directeur des hypothèses scientifiques et le postulat général de la science. On ne doit pas s'étonner que cette direction de la pensée soit sujette à de grands écarts. Le problème général de la science, comme Aristote déjà l'indiquait, est de concilier le multiple qui nous est révélé par l'expérience avec l'unité que réclame la raison. Cette pensée a donné naissance à cette maxime que nous rencontrons au moyen-âge : « Il ne faut pas multiplier les êtres au delà de la nécessité. » *Entia non sunt multiplicanda præter necessitatem.* Ne pas multiplier les êtres, c'est la devise de la raison ; s'arrêter dans la recherche du simple en présence de la nécessité, c'est-à-dire de l'impossibilité de réduire à l'unité des éléments véritablement divers, c'est la constatation des droits de l'expérience. C'est ainsi par exemple que les cartésiens, qui auraient pu être tentés d'expliquer la lumière comme le son par des vibrations de l'air, auraient dû s'arrêter devant le fait bien constaté que la lumière se propage dans le vide, où ne se produisent pas les ondes sonores. On oublie trop souvent les droits de l'expérience, on ne s'arrête pas devant la nécessité. Un des plus grands défauts des esprits systématiques, défaut que Bacon a signalé avec énergie, consiste à tirer prématurément des conclusions générales. On est ébloui par une idée nouvelle, et l'on s'écrie : Tout est là ! C'est pourquoi il n'est guère de grande découverte qui ne traîne après elle, comme son ombre, quelque grande erreur. Un autre défaut, voisin du précédent, est de chercher l'uniformité, là où il ne faut chercher que l'unité d'harmonie. « La vraie simplicité atteinte dans la nature, dit avec raison M. Hirn, c'est que la diversité des éléments et des lois converge en un tout harmonieux que l'homme ne peut qu'admirer, mais qu'il ne peut concevoir *à priori* [1]. » Si l'on cherche l'uniformité, l'identité des éléments au lieu de leur harmonie, on s'égare souvent, en rêvant des réductions et des transformations imaginaires. L'histoire est riche en enseignements sous ce rapport; nous nous bornerons à quelques exemples significatifs.

Les tentatives de réductions impossibles ont une double origine, une origne mathématique ou spécialement rationnelle, et une origine empirique. Commençons par les écarts de savants formés sous l'influence prépondérante des mathématiques.

1. *Conséquences philosophiques et métaphysiques de la thermodynamique*, p. 363.

1° Origine rationnelle.

Dans sa tentative pour expliquer tous les phénomènes du monde, Descartes se trouve placé, comme nous le sommes encore aujourd'hui, en présence de trois éléments irréductibles les uns aux autres par les procédés légitimes de la science : l'esprit, ou le sujet des faits de conscience; la matière, ou l'objet auquel se rapportent nos représentations sensibles ; la vie, dont la conception, pleine de difficultés, est celle d'une spontanéité qui n'est ni le mécanisme de la matière ni l'activité consciente de l'esprit. Sous l'empire du besoin d'unité que personne n'a éprouvé plus que lui, Descartes se défait d'abord de la vie par la doctrine de l'automatisme des êtres animés. Reste la dualité de l'esprit et du corps. Dans ses explications physiques, il est bien obligé de supposer la qualité essentielle des corps qui est la résistance dans l'espace [1] ; mais, dans ses théories générales, il oublie cette qualité jusqu'à la supprimer entièrement, pour ne conserver dans la conception du corps que la pure idée de la forme. Il dit : « J'ai considéré en général toutes les notions claires et distinctes qui peuvent être en notre entendement touchant les choses matérielles, et n'en ayant point trouvé d'autres, sinon celles que nous avons des figures, des grandeurs et des mouvements, et des règles suivant lesquelles ces trois choses peuvent être diversifiées l'une par l'autre, lesquelles règles sont les principes de la géométrie et des mécaniques, j'ai jugé qu'il

1. *Le monde, ou traité de la lumière*, chap. VI.

fallait nécessairement que toutes les connaissances que les hommes peuvent avoir de la nature fussent tirées de cela seul [1]. » Il admet l'identité de la matière et de l'étendue, d'où il conclut la négation du vide. Il ne nie pas seulement l'existence du vide, mais sa possibilité. Aussi, lorsqu'on lui demande ce qui arriverait si l'on pouvait enlever de l'intérieur d'un vase toute la matière qui y est contenue, il répond sans hésiter que les parois du vase se toucheraient [2]. Voilà donc la physique réduite à la géométrie, c'est-à-dire, au fond, la négation de la réalité des corps. C'est la conséquence ouvertement tirée par Malebranche, qui affirme, au point de vue philosophique, l'identité du corps et de la pensée. Ainsi les trois éléments : la matière, la vie, l'esprit, sont réduits à l'intelligence seule ; l'unité est faite. C'est là l'origine de la méthode fausse qui a si gravement compromis l'œuvre du génie de Descartes. Ayant ramené, sans bien s'en rendre compte, toute existence à la seule pensée, il en conclut que la pensée seule, sans aucun recours à l'expérience, peut construire le système de l'univers. C'est pourquoi, en terminant son livre des *Principes de la philosophie*, dans lequel il affirme avoir expliqué tous les phénomènes de la nature, il écrit : « Je pense qu'on doit reconnaître que j'ai prouvé par démonstration mathématique toutes les choses que j'ai écrites, au moins les plus générales [3]. »

Un autre esprit, formé, comme celui de Descartes,

1. *Principes de la philosophie,* partie IV, § 203.
2. *Principes de la philosophie,* partie II, § 18.
3. *Principes de la philosophie,* partie IV, § 206.

par la culture spéciale des mathématiques, va nous offrir un deuxième exemple des erreurs dans lesquelles entraîne une recherche trop hâtive de l'unité. Les éléments au moyen desquels le calcul rend compte du mouvement des astres sont au nombre de trois : la disposition de la matière en masses séparées par des distances déterminées, la gravitation, et une force d'impulsion qui, combinée avec la gravitation, produit le mouvement des planètes selon la ligne de leurs orbites. En cédant à cet amour de la simplicité qu'il reconnaissait comme un des attributs de l'esprit humain, Laplace crut, un jour, pouvoir tout ramener à la seule loi de la gravitation combinée avec la disposition de la matière. Si l'on suppose les corps soumis à la seule loi de la gravitation, en vertu de laquelle ils se portent les uns vers les autres, on admet à première vue qu'ils se réuniront tous en une même masse. Cette réunion, dans tous les cas, ne sera pas immédiate. Supposons primitivement trois corps inégaux dont l'un soit sensiblement plus petit que les deux autres. Au moment où les trois corps commenceront à être soumis à la loi de la gravitation, le plus petit ne se portera directement ni vers l'un ni vers l'autre des deux autres corps ; il suivra une ligne moyenne qui sera la résultante des deux forces auxquelles il se trouvera soumis. Laplace crut qu'il pouvait résulter ainsi de l'effet de la gravitation des circulations permanentes, et il écrivit : « L'attraction seule suffit pour expliquer tous les mouvements de cet univers [1]. » Une étude plus attentive du sujet lui fit

1. *Exposition du système du monde*, livre V, chap. VI.

reconnaître qu'il s'était trompé ; et il effaça dans sa cinquième édition cette erreur qui figure dans la quatrième. L'erreur était née manifestement de la tendance à l'unité franchissant les bornes dans lesquelles devaient la renfermer les données du problème à résoudre.

2° Origine empirique.

Considérons maintenant un exemple contemporain de ces essais de réductions téméraires formés sous l'influence de l'empirisme.

La vie se manifeste à la surface de notre globe par une multitude indéfinie de plantes et d'animaux. L'étude de ces individus innombrables fait reconnaître qu'un grand nombre d'entre eux offrent un type analogue, et qu'on voit ces individus similaires sortir les uns des autres par voie de génération. Ainsi s'est formée en histoire naturelle l'idée de l'espèce. La seule définition précise des espèces naturelles est « l'ensemble des individus qui peuvent être considérés comme ayant procédé, par voie de génération régulière, des mêmes ancêtres, ou d'ancêtres supposés identiques. » Dans la conception la plus généralement admise, les espèces sont une manifestation directe et primitive de la puissance créatrice, ou de la nature des choses. Nous trouvons cependant, dès l'antiquité, une théorie contraire, qui n'admet pas de types réels et réellement divers, mais la simple transformation des êtres vivants par l'influence accidentelle de causes physiques, à partir d'une origine commune. Anaximandre, philosophe de l'école d'Ionie, né vers l'an 600 avant l'ère chrétienne, enseignait que les premiers organismes animaux ont été produits dans l'eau, qu'ils se sont modifiés peu à peu, et que finalement l'homme est un poisson transformé. D'une manière plus générale, les philosophes de l'école d'Ionie n'admettaient pas une diversité primitive des éléments de la nature. Ils expliquaient, non seulement les êtres vivants, mais toutes choses par la transformation d'une substance matérielle unique dont ils prenaient le type, les uns dans l'eau, comme Thalès, les autres dans l'air, comme Anaximène, d'autres enfin dans le feu, comme Héraclite. Cette doctrine se retrouve un peu à toutes les époques. De nos jours, elle a reparu avec un éclat nouveau dans les travaux de quelques naturalistes contemporains, sous le titre de doctrine de l'évolution ou du transformisme. Le transformisme, conduit à ses conséquences dernières, est le résultat d'une série d'hypothèses qui se caractérisent par une tendance toujours plus prononcée à l'affirmation de l'unité. C'est le seul aspect sous lequel je considère ici ce grave débat. Suivons ces hypothèses dans leur développement successif.

Première hypothèse. — Les espèces considérées comme diverses, mais que les naturalistes réunissent dans un même genre, ont une origine commune, et ne sont que des variétés.

Nous trouvons cette idée émise, en 1822, par Herbert[1]. C'est là une hypothèse sérieuse et digne de toute l'attention de la science, parce qu'elle repose sur une base réelle d'induction. Il est en effet dûment constaté que des semences végétales prises d'un même individu, ou les pro-

1. Darwin, Esquisse historique, en tête du livre *De l'origine des espèces*.

duits d'un même couple animal, peuvent offrir des différences notables, et que ces différences se fixent quelquefois par l'hérédité. Nous voyons que les horticulteurs et les éleveurs de bestiaux peuvent arriver à produire des races. Il est donc légitime de supposer que les types ne sont pas aussi absolument fixes que beaucoup de savants le supposent, et que les variations possibles dans une même espèce ont des limites plus étendues qu'on ne l'admet à l'ordinaire. C'est, je le répète, une hypothèse très plausible. Le problème posé par l'expérience a été fort bien formulé par M. Claude Bernard en ces termes : « trouver les lois et les conditions de fixité et de variabilité des espèces[1]. »

Deuxième hypothèse. — Toute la faune et toute la flore ont pu provenir, par voie de génération régulière, de quatre à cinq formes primitives pour chacun des deux règnes[2].

Ceci commence à dépasser les limites d'une induction prudente. En effet, l'on n'a trouvé jusqu'ici, ni dans les êtres actuellement vivants, ni dans les débris fossiles des êtres disparus, les formes intermédiaires que l'observation devrait constater entre les différents types animaux et végétaux, pour justifier la supposition faite. Les partisans de la doctrine répondent que nos connaissances paléontologiques sont encore peu avancées, et que ce qui n'a pas été trouvé se trouvera plus tard. Ceci est une supposition de fait qu'on appelle à l'appui de la supposition de doctrine : c'est l'hypothèse élevée à la seconde puissance. Les transformistes réclament pour expliquer la formation de la

1. *Rapport sur les progrès et la marche de la physiologie générale en France*, p. 111.
2. Darwin, *De l'origine des espèces*. Récapitulation et conclusion, p. 507 de la traduction Moulinié.

faune et de la flore actuelles, à partir d'un petit nombre de types primitifs, des siècles qui doivent se compter par milliers ou par millions. En théorie, il n'y a aucune raison de leur refuser un espace quelconque de temps. Il faut seulement observer que la doctrine se trouverait soumise à une objection grave, si elle réclamait, pour expliquer les transformations des organismes, un temps qui nous renverrait à une époque où, selon les supputations des géologues, notre globe aurait été incandescent et impropre à la manifestation de la vie. Si l'on réussissait jamais à déterminer, à quelques milliers d'années près, l'époque où la surface de notre globe était en fusion, la géologie poserait une limite au delà de laquelle la paléontologie n'aurait pas le droit de remonter.

Troisième hypothèse. — Tous les végétaux et tous les animaux sont provenus d'organismes primitifs semblables[1].

Il faut entendre la supposition en ce sens qu'à une époque quelconque la terre aurait été couverte de cellules vivantes ; que ces organismes élémentaires, développés sous l'influence de la lumière, de la chaleur, se seraient diversifiés selon le climat, le sol, l'exposition ; puis que, par l'effet de la concurrence vitale, la nourriture offerte par le globe étant un élément à peu près fixe relativement à la propagation illimitée des organismes, les races les plus aptes à la vie auraient triomphé des autres, de telle manière que le progrès se serait accompli sous l'action de la famine et de la mort. Cette conception est essentielle-

1. « Tous les êtres organisés qui ont vécu sur la terre peuvent provenir d'une seule forme primordiale. » C'est l'hypothèse présentée par M. Darwin dans la conclusion de son livre sur l'*Origine des espèces*, page 508) sous la forme d'une analogie douteuse.

ment propre à séduire un esprit philosophique. De même que l'on peut admettre théoriquement un atome primitif, origine de tous nos corps simples, on pourrait admettre une cellule unique, origine de tous les êtres vivants. Par la lente formation d'agrégats divers des atomes, le globe aurait été préparé pour l'apparition de la vie; les lentes transformations d'un organisme élémentaire auraient préparé l'apparition de l'homme. Cette pensée est grandiose assurément. Aussi la conclusion de l'ouvrage de M. Darwin, le plus célèbre des adeptes contemporains de la doctrine transformiste, est presque éclairée par un rayon de poésie. « N'y a-t-il pas une véritable grandeur dans cette conception de la vie, ayant été avec ses puissances diverses insufflée primitivement par le Créateur dans un petit nombre de formes, dans une seule peut-être, et dont, tandis que notre planète, obéissant à la loi fixe de la gravitation, continuait à tourner dans son orbite, une quantité infinie de formes admirables, parties d'un commencement des plus simples, n'ont pas cessé de se développer et se développent encore? » Mais si cette théorie est de nature à satisfaire l'esprit philosophique, et peut éveiller le sentiment de la poésie, elle se trouve à une distance incommensurable des faits, et l'on peut dire des transformistes qui se considèrent comme les représentants par excellence de la méthode expérimentale qu'ils ne savent pas de quel esprit ils sont animés. Plusieurs des naturalistes les plus autorisés, de ceux qui occupent des places éminentes dans la classe des observateurs, dénient au transformisme, conduit à ses dernières conséquences, le caractère d'une théorie sérieusement appuyée sur les faits. Pour n'en citer que deux, Agassiz[1] et M. Barande [2] affirment que les résultats de leurs recherches ne leur permettent pas d'accepter cette doctrine. Je n'ai pas l'intention d'aborder ici cette discussion au point de vu de l'histoire naturelle, et je n'aurais aucune compétence pour le faire; mais il est impossible de ne pas remarquer que, dans la production du transformisme, la recherche de l'unité a prodigieusement dépassé les limites d'une induction qui reposerait sur une base expérimentale suffisante.

C'est un progrès immense vers l'unité que d'avoir ramené à une commune origine toute la faune et toute la flore. Après cette énorme réduction, il reste encore, dans le champ de l'histoire naturelle, la dualité de la vie et de la matière. Cette dualité est supposée dans les conclusions de M. Darwin, puisque, dans le passage cité plus haut, cet auteur remonte à la cause première pour expliquer l'apparition de la vie; nous allons voir la recherche de l'unité faire un pas de plus.

Quatrième hypothèse. Les êtres vivants ne renferment aucun principe spécial; ils ne sont qu'une simple transformation de la matière inorganique.

C'est la théorie de la génération spontanée. Elle est aussi ancienne que la philosophie, en sorte que son histoire interdit de la considérer comme le résultat des progrès de l'observation et de l'expérience. L'hypothèse ne s'appuie plus ici sur aucun fait constaté. Plus les observations

1. *Revue scientifique* du 28 mars 1874. — Voir aussi le *Voyage d'Agassiz au Brésil.*
2. Archives des sciences physiques et naturelles de la *Bibliothèque universelle,* mars 1872.

deviennent précises, plus la doctrine est forcée de battre en retraite. On a cru jadis à la formation spontanée d'animaux d'un rang assez élevé; de nos jours, on ne soutient plus l'idée de la formation spontanée que pour des organismes tout à fait inférieurs. Au siècle dernier, les botanistes admettaient que les champignons sortaient spontanément du sol. Des recherches récentes ont fait découvrir les semences qui les reproduisent. La constatation des germes vivants répandus avec profusion dans l'atmosphère[1] donne un degré nouveau de probabilité à la pensée « qu'à mesure que nos moyens d'investigation se perfectionneront, on trouvera que les cas de générations qu'on regardait comme spontanées rentrent dans des cas de générations physiologiques ordinaires[2]. » Un des défenseurs du transformisme reconnaît expressément que la théorie qu'il soutient n'a pas une base expérimentale réelle. « Il est impossible, dit M. Oscar Schmidt, de démontrer par les faits le commencement subit de la vie ; mais l'hypothèse de l'apparition de la vie, par voie naturelle, à une époque déterminée du développement, est une *nécessité logique.* » Cette nécessité logique résulte, aux yeux de l'auteur, d'une aspiration naturelle à la causalité telle qu'il la comprend, et il écrit : « Qui n'éprouve pas cette aspiration doit être abandonné[3]. » Ceci est un anathème, et l'anathème échappe aux procédés de la discussion scientifique.

1. Archives des sciences physiques et naturelles de la *Bibliothèque universelle,* avril 1871.
2. Claude Bernard, *Rapport sur les progrès et la marche de la physiologie générale,* p. 105.
3. *Revue scientifique* du 21 février 1874, p. 798.

Il serait facile d'établir que M. Oscar Schmidt comprend mal la nature et la portée du principe de causalité; mais cette discussion m'entraînerait sur les terres de la métaphysique, où je n'ai pas l'intention de poser le pied dans ce travail. D'autres transformistes font appel, en faveur de leur thèse, à la loi de continuité, formulée par Leibnitz, et semblent oublier que les applications de cette loi ne sauraient être admises comme valables si on ne les soumet pas au contrôle de l'expérience. La vie étant réduite à une simple manifestation de la matière, l'unité complète est atteinte dans tous les faits qu'étudie l'histoire naturelle; reste l'esprit.

Cinquième hypothèse. — L'animal n'est que la matière groupée d'une certaine façon, et l'homme n'est qu'un animal présentant quelques caractères spéciaux, de telle sorte que l'esprit n'est qu'une transformation de la matière.

L'hypothèse parvenue à ce degré a suscité la protestation d'un des savants qui a été l'un des premiers à la défendre dans des limites plus restreintes. M. d'Omalius avait énoncé la doctrine du transformisme, dès 1831, dans ses *Eléments de géologie*. Dans un discours prononcé, plus de quarante ans après, à l'Académie de Bruxelles, il s'est élevé contre des exagérations qui compromettent à ses yeux un système qu'il persiste à juger vrai dans de certaines limites [1].

Expliquer l'univers par les manifestations diverses d'une substance matérielle unique, qui fait seule la réa-

1. *Revue scientifique* du 31 janvier 1874.

lité de l'esprit humain comme celle du sol et de l'atmosphère, c'est avoir atteint l'unité complète ; mais, si l'hypothèse sous sa quatrième forme n'est vérifiée par aucun fait constaté, l'hypothèse sous sa forme cinquième a tous les faits contre elle. Pour établir la nature purement animale de l'homme, il est nécessaire de faire dériver le langage des voix et des cris des animaux. L'un des principaux chefs de la philologie contemporaine, M. Max Müller, a abordé ce sujet dans un discours prononcé à l'*Institution royale* d'Angleterre, en 1873. Sans entrer sur le terrain de l'histoire naturelle, et sans contester la valeur que peut avoir le transformisme sur ce terrain, il affirme que les partisans du passage naturel des cris de l'animal à la parole humaine ignorent les résultats de la science du langage. C'est la protestation de la linguistique, par l'organe de l'un de ses représentants les plus autorisés [1]; c'est un fait grave. Voici qui est plus grave encore : M. Wallace est un des rénovateurs contemporains de la doctrine du transformisme [2]. Il estime que le système doit s'arrêter en présence de l'homme, pour obéir à l'une de ces nécessités qui opposent à la recherche de l'unité une barrière que l'esprit de système peut seul franchir. Les faits spirituels, en effet, sont d'un autre ordre que les phénomènes matériels. Entre la matière objectivement considérée et le plus faible élément de sensation ou de pensée, il existe un

1. Lectures on M. Darwin's philosophy of language delivered at the Royal institution in march and april 1873. — Voir aussi *La science du langage*, du même auteur, 9e leçon.

2. *La sélection naturelle*, par Alfred Russel Wallace, traduction Lucien de Candolle. Paris, 1872.

abîme infranchissable; la réduction de ces deux ordres de phénomènes à un seul est donc une hypothèse impossible. C'est là ce que M. Wallace exprime en fort bons termes. On lui répond [1] : « Lorsqu'on possède un principe, il faut le suivre jusqu'au bout. Vous avez reconnu la valeur du transformisme pour l'explication de la formation des espèces animales; vous n'avez pas le droit de vous arrêter à l'homme. » M. Wallace s'appuie sur une base d'observation très sérieuse; on lui répond par un argument purement théorique, par la nécessité logique de M. Oscar Schmidt. Périssent les faits plutôt qu'un principe!

En considérant avec attention la série d'hypothèses que nous venons de passer en revue, on ne saurait méconnaître qu'elles se sont produites sous l'influence de la recherche de l'unité privée de ses contre-poids légitimes. Au commencement, nous étions en présence d'inductions sérieuses donnant naissance à des théories dignes d'une vérification expérimentale attentive; mais, en avançant, l'hypothèse, si l'on me passe cette expression, a pris le mors aux dents. Pareil à la vapeur d'une machine qui fait explosion, le principe moteur de la science a brisé l'appareil qui devait en régler l'emploi, et produit des conjectures sans contrôle qui se perdent dans le vague des airs. C'est l'abus et non l'usage de la recherche de l'unité. C'est là le défaut de la théorie; mais c'est aussi la source de son prestige. Si elle s'était maintenue dans les limites d'une hypothèse appuyée sur

1. Voir les éléments de cette discussion fort instructive à la fin de l'ouvrage de M. Wallace.

une base sérieuse d'observations, elle n'aurait pas eu tant d'éclat. La part d'erreur contenue dans un système hardi est en général ce qui lui donne le plus grand lustre. Si Descartes avait seulement énoncé les grandes vérités qu'il a découvertes, le bruit fait autour de son nom aurait été moindre. Il a excité une admiration qui s'est élevée jusqu'à l'enthousiasme, parce qu'il a prétendu avoir trouvé l'explication de toutes choses dans l'univers. Le transformisme croit avoir levé tous les voiles et résolu toutes les énigmes. Cette audace est une des causes de son retentissement. La postérité, plus calme, fera la part de la vérité et de l'erreur et ne prendra pas, comme quelques-uns de nos contemporains, la plus hardie des synthèses pour un produit de la direction empirique de la pensée. Pascal a écrit : « Jamais on ne fait le mal si pleinement que lorsqu'on le fait par conscience. » On peut dire de même : L'esprit de système ne se donne jamais plus librement carrière que lorsqu'il se présente déguisé sous le manteau de la méthode expérimentale.

Les pages qui précèdent étaient complètement rédigées lorsque j'ai trouvé dans la *Revue scientifique* du 8 décembre 1877, une discussion du plus haut intérêt, qui s'est produite au Congrès des naturalistes allemands réunis à Munich. Cette discussion concerne si directement l'objet de mes recherches qu'on ne me reprochera pas d'en reproduire ici les traits principaux.

M. Hæckel, professeur à Iéna, expose la théorie de l'évolution, et, après avoir rappelé l'appui que la géologie apporte à cette théorie, il passe à la biologie. Les organismes ont été produits « par la rencontre *accidentelle* de causes mécaniques » (page 530). « Les organismes les plus simples ont dû provenir à l'origine des combinaisons inorganiques du carbone. Si une certaine quantité d'atomes de carbone s'est combinée au début avec une certaine quantité d'atomes d'hydrogène, d'oxygène, d'azote et de soufre pour créer une unité, une *plastidule* [1], nous pouvons considérer l'âme de la plastidule, c'est-à-dire la somme générale de ses propriétés vitales, comme le produit nécessaire des forces de tous ces atomes réunis. Alors, au point de vue monistique, nous pouvons nommer cette somme de forces atomiques l'*âme de l'atome*. De la rencontre *fortuite* et des combinaisons multiples de ces âmes atomiques toujours constantes et toujours incommutables naissent les âmes multiples et fort variables des plastidules, qui sont les facteurs moléculaires de la vie organique » (page 532). Les organismes, dès le début, offrent les manifestations de la vie que nous appelons psychique. Les phénomènes psychiques ne sont que le produit nécessaire des forces des atomes, forces dont les résultats se présentent sous des formes diverses sans changer de nature. « L'attraction et la répulsion des molécules, le mouvement et la sensation des cellules et des organismes cellulaires, la pensée et la conscience de l'homme, ce sont là des degrés d'un même processus psychologique évolutif. » (Page 532.)

Voilà l'hypothèse du transformisme dans sa plénitude

1. *Plastidules*, molécules protoplasmiques, regardées comme les facteurs élémentaires de toute propriété vitale. Ce sont pour ainsi dire les atomes organiques, les atomes des physiologistes.

(Note de la *Revue scientifique*.)

et à sa plus haute puissance. Avant d'admettre l'hypothèse pour valable, un esprit prudent aurait, entre plusieurs autres, deux questions à se poser :

1° Comment les idées du fortuit et de l'accidentel, auxquelles l'auteur a recours, s'accordent-elles avec une conception purement mécanique des phénomènes de la vie ? Le propre d'une conception mécanique n'est-il pas d'éliminer absolument tout élément de cette nature ?

2° On peut constater chez les organismes inférieurs des mouvements spontanés ou des mouvements réflexes répondant à des excitations déterminées. Mais comment peut-on constater, chez des organismes réduits à une seule cellule, « sensation et perception, volonté et mouvement » (page 532) ? Le procédé d'une constatation semblable aurait grand besoin d'être expliqué.

Je ne discute pas la doctrine ; je remarque seulement qu'il y a là des questions qu'on devrait examiner sérieusement avant de conclure. M. Hæckel ne s'y arrête pas ; il semble même ne pas les apercevoir. Dans sa naïve audace, il affirme que celui qui exigerait encore des preuves en faveur de la théorie de l'évolution « ne prouverait qu'une chose : son manque de connaissances et de lumières » (page 530). Sa conviction est si pleine, si candide, qu'il demande que sa théorie entre dans l'école et « y impose sa direction » (page 533).

Cette négation pratique de toutes les règles de la méthode a suscité une réponse de M. Virchow, professeur à l'Université de Berlin, qui s'est bravement exposé au reproche de « manquer de connaissances et de lumières », en demandant des preuves avant d'adopter et de vouloir imposer à l'école la doctrine de M. Hæckel.

Avec une réserve prudente, M. Virchow a rappelé divers points d'interrogation qu'un esprit vraiment scientifique ne peut manquer de poser à la doctrine monistique de l'évolution. Voici d'abord des remarques concernant la thèse que l'homme descend d'un animal :

« Je suis tout préparé à la chose, et je n'éprouverais pas une minute d'effroi ou d'étonnement, s'il venait à m'être prouvé que l'homme a un précurseur parmi les vertébrés. Vous savez que c'est précisément l'anthropologie que je travaille maintenant avec une prédilection toute particulière. Je dois cependant le déclarer, chacun des progrès positifs que nous avons faits dans le domaine de l'anthropologie préhistorique nous a particulièrement, et de plus en plus, éloignés de la preuve de cette parenté !... Nous devons réellement reconnaître qu'aucun des types fossiles ne présente le caractère marqué d'un développement inférieur. Et même, si nous comparons la somme des fossiles humains connus jusqu'ici avec ce que nous offre l'époque actuelle, nous pouvons hardiment prétendre que, parmi les hommes actuellement vivants, il existe un beaucoup plus grand nombre d'individus relativement inférieurs que parmi les fossiles en question..... Nous ne pouvons pas considérer comme un fait acquis à la science que l'homme descend du singe ou de tout autre animal. » (Pages 542, 543.)

Voici maintenant les réserves à faire au sujet du passage de la matière inorganique aux êtres vivants :

« On ne connaît pas *un seul fait positif* qui établisse qu'une génération spontanée ait jamais eu lieu.... Personne n'a jamais vu se produire devant lui une génération spontanée. » (Page 539.) « Sur le point de jonction du règne inorganique au règne organique, nous devons simplement reconnaître qu'en réalité nous ne savons rien. » (Page 540.)

Ces remarques concernent la vie organique considérée objectivement. En voici d'autres relatives aux origines matérielles des éléments psychiques :

« Il est facile de dire : Une cellule est formée de petites parties qu'on nomme *plastidules;* les plastidules à leur tour sont formées de charbon, d'hydrogène, d'oxygène et d'azote, etc., et sont animées d'une âme particulière; cette âme est le produit ou la somme des forces que possèdent les atomes chimiques. — C'est bien possible; je ne veux pas me prononcer exactement là-dessus;..... je dois dire néanmoins ceci : avant qu'on ait pu me définir les propriétés du charbon, de l'eau, de l'oxygène et de l'azote de façon à me faire comprendre comment de leur somme peut naître une âme, je ne puis reconnaître que nous soyons autorisés à introduire l'âme du plastidule dans l'enseignement, ou même à exiger de tout esprit cultivé qu'il l'admette comme une vérité scientifique. (Pages 537 et 538.) Je ne m'oppose pas à ce que les atomes de charbon aient un esprit, ou qu'ils puissent en acquérir un par leur alliance avec la société plastidule; mais *je ne sais pas à quoi je pourrais reconnaître qu'il en est effectivement ainsi.* C'est là un simple jeu de mots. Si je donne l'attraction et la répulsion pour des phénomènes spirituels, psychiques, je jette tout simplement Psyché par la fenêtre, car elle cesse d'être elle-même. » (Page 542.)

C'est ainsi que M. Virchow oppose à la doctrine monistique de l'évolution les résultats de deux sortes d'observations dont une science sérieuse est obligée de tenir compte. L'observation externe, ou sensible, n'a pas révélé jusqu'ici des faits qui permettent d'affirmer les origines animales de l'homme et la génération spontanée. L'observation interne, ou psychologique, ne nous permet pas d'assimiler les éléments psychiques aux phénomènes mécaniques des corps. M. Virchow ne nie pas les doctrines de M. Hæckel, mais il conteste à M. Hæckel le droit de présenter des hypothèses au moins aventureuses comme des vérités démontrées. C'est le point de vue auquel je suis placé moi-même. J'étudie une question de logique, je ne cherche pas à formuler des théories d'histoire naturelle ou de philosophie.

A l'occasion du débat dans lequel il s'est engagé, le professeur de Berlin exprime au sujet de la méthode les pensées excellentes que voici :

« Je tiendrais pour un grand malheur si l'on ne voulait pas vérifier, dans chaque cas particulier, si l'*hypothèse*, l'*idée* qu'on s'est faite et qui peut être très vraisemblable, est effectivement vraie, justifiée *par les faits*. (Page 538.) Le véritable savant se reconnaît à ce qu'il distingue exactement ce qu'il sait de ce qu'il ne sait pas. » (Page 540.)

M. Virchow signale enfin l'origine des erreurs de méthode qu'il a signalées et combattues, dans l'excès de la tendance de généralisation inhérente à l'esprit humain (page 539), c'est-à-dire dans la recherche abusive de l'unité. C'est bien là en effet qu'est la source du mal; où est le remède?

CHAPITRE V

IMPORTANCE DE LA CULTURE PHILOSOPHIQUE

Le préservatif contre les écarts de la pensée qui viennent d'être indiqués se trouve souvent dans un bon sens naturel, qui s'arrête devant la nécessité et ne tente pas de réduire à une unité fictive des éléments vraiment divers. Une étude de M. F.-J. Pictet sur le système de Darwin [1] me semble offrir un spécimen excellent du sage équilibre de la pensée qui résiste, comme par instinct, aux abus de l'esprit systématique. Mais, pour obtenir une guérison radicale de cette maladie, il importe de fixer son attention sur la source du mal. La source du mal est la prédominance exclusive de la raison qui ne s'arrête pas devant les données de l'expérience, et se livre à des synthèses auxquelles une base d'analyse assez large fait défaut. On s'efforce alors de ramener violemment à l'unité des éléments réellement multiples. C'est ainsi que les cartésiens ont fini par réduire les existences corporelles à l'idée. C'est

1. Dans les archives des sciences physiques et naturelles de la *Bibliothèque universelle*, mars 1860.

ainsi que les transformistes absolus veulent réduire l'esprit à une manifestation de la matière. Dans ce second cas, il est facile de discerner le défaut de la doctrine. Les transformistes, lorsqu'ils conduisent leur pensée jusqu'au bout, sont bien obligés de s'arrêter à la conception d'un état primitif. Il leur arrive alors d'affirmer qu'un état purement mécanique est le point de départ auquel il faut remonter. Ils disent que, à partir de cet état qui demeure l'explication universelle des phénomènes, les propriétés physiques ont apparu, puis les propriétés vitales, puis enfin les propriétés psychiques, par de lentes transformations. On peut voir ici tout à fait à nu la source de l'erreur. D'un état purement mécanique, rien ne saurait procéder que des mouvements et des configurations diverses de la matière. Toute propriété qui n'est plus purement mécanique mais physique, comme la lumière et la chaleur, suppose un rapport entre les phénomènes de la matière et des êtres capables de sentir. L'existence des êtres sensibles est donc nécessaire à l'apparition de ces propriétés qui sont des rapports; et, faire des phénomènes psychiques une transformation des phénomènes mécaniques, c'est obéir aveuglément au besoin rationnel de l'unité. L'analyse des idées qu'expriment les termes de lumière et de chaleur préviendrait ces écarts et placerait la pensée en présence de deux éléments irréductibles. C'est sur l'affirmation de la distinction entre la partie objective et la partie subjective des sensations et des perceptions que la physique moderne a été fondée, et les transformistes nos contemporains, tout en bénéficiant des progrès de la science, en méconnaissent la base fondamentale. Ils reviennent, avec beaucoup plus de connaissances de détail, mais sans une vue plus juste des conditions d'une saine philosophie, aux confusions d'idées qui caractérisent les doctrines des philosophes ioniens, et qu'Anaxagore avait commencé à débrouiller. C'est à une saine culture philosophique qu'il appartient de prévenir les erreurs de cette nature, en fixant les règles de la méthode, et en rappelant la nécessité absolue de l'analyse pour fonder une synthèse sérieuse.

La culture philosophique a encore un autre effet. Pour préserver la raison de l'abus de ses propres tendances, il faut la satisfaire dans ses exigences légitimes, de même qu'on utilise l'activité désordonnée et tumultueuse des enfants en leur fournissant une occupation régulière. Le philosophe doit se demander où peut se rencontrer l'unité véritable, l'unité absolue vers laquelle la raison est orientée. Or nous ne saurions affirmer, sans méconnaître les données les plus évidentes de l'observation, ni l'unité de la substance, en ramenant à une classe unique tous les éléments de l'univers, ni la réduction de toutes les lois à une loi unique : cela est impossible. L'idée de la cause est seule capable de résoudre le problème général de la philosophie. Le problème de la philosophie, en effet, tel qu'il a été fort bien posé dans l'école de Pythagore, consiste à élever la pensée à la conception d'une unité qui renferme en elle-même le principe d'une multiplicité possible. Cette unité ne peut être que celle de la cause absolue, qui est une en elle-même, et qui se maintient sous la forme de l'harmonie dans la diversité de ses effets. Je n'entreprends pas ici de discuter, au point de vue métaphysique, cette solution du problème universel; je dis seulement que c'est là que se trouve le remède aux abus de la recherche de l'unité. Lorsque la raison a contemplé l'unité de la cause de l'univers, elle redescend avec calme à l'étude des sciences particulières, parce qu'elle a obtenu la satisfaction dont elle a besoin, et qu'elle ne cherche plus cette satisfaction dans des voies sans issue. Elle sait où se trouve l'unité et où elle ne saurait être. L'équilibre de la pensée, qui constitue le bon sens des esprits sages, se trouve ainsi fortifié. En effet, lorsqu'on sera placé à ce point de vue, on cherchera, dans chaque ordre de phénomènes, le général, le simple, l'un; mais on saura que les différentes faces de la pyramide scientifique ne se rejoignent qu'au sommet, et que ce sommet ne peut être que l'idée de la cause suprême qui fait la diversité des éléments par son pouvoir, et leur harmonie par l'unité de son plan. Dès lors, on ne sera plus tenté de violenter l'expérience par l'affirmation de transformations imaginaires. Si l'on étudie historiquement les œuvres des grands fondateurs de nos sciences, de ceux auxquels le titre d'initiateurs appartient sans contestation, on verra que tous ont été placés sous l'influence des pensées de cet ordre. Les principes directeurs de leur génie ont été ceux que je viens de rappeler; il est facile de s'en assurer en consultant leurs écrits. Le développement de la science a eu cette double condition : les observations lentement accumulées, et les essais d'explications dirigés par la pensée de l'unité de la cause universelle. Les hommes qui forment le peuple des savants sont placés sous l'influence de leurs chefs, et suivent une impulsion dont souvent ils ignorent l'origine. On en rencontre qui nient les principes directeurs des suppositions vraies; mais les principes qu'ils nient en théorie, ils les appliquent toutes les fois qu'ils font accomplir à la science un véritable progrès. Le jardinier riverain, pour arroser ses cultures, met sa roue au courant du fleuve sans penser aux sommités neigeuses des Alpes; c'est de là pourtant que descendent les eaux. De même, nombre de savants appliquent les lois les plus élevées de la raison sans se rendre compte de la source à laquelle ils puisent leurs pensées. Une étude sérieuse de l'histoire de la science établit que, dans le monde de l'intelligence, comme dans la nature, les courants qui fertilisent le sol descendent des hauts sommets.

Concluons : La recherche de l'unité est le facteur essentiel de la science, le principe générateur des hypothèses vraies ; mais chercher l'unité trop vite et trop bas, c'est la source principale des conjectures fausses et des systèmes erronés.

QUESTIONS ET RÉPONSES

A l'occasion des expositions orales des idées contenues dans les pages qui précèdent et de leur publication dans la *Revue philosophique*, j'ai reçu des communications assez nombreuses, qui se rangent sous les chefs suivants :

1° Définition de l'hypothèse.

2 Psychologie de l'hypothèse.

3° Place de l'hypothèse dans la science.

4° Recherche des causes.

5° Vérification des hypothèses.

6° Principes directeurs de l'hypothèse.

7° Etat de la question.

8° Importance de la question.

Il aurait été convenable, au point de vue littéraire, de fondre les réponses aux questions qui m'ont été adressées dans l'exposition directe de mes thèses ; mais cette opération aurait exigé un travail considérable, qui n'aurait pas été justifié, au point de vue scientifique. Le lecteur qui aura jugé les idées contenues dans les pages qui précèdent, dignes de son attention, ne se plaindra pas de voir ces mêmes idées revenir sous des formes un peu différentes, et accompagnées de preuves nouvelles. La répétition, qu'on peut considérer comme un défaut sous le rapport de l'art, n'offre pas le même caractère lorsqu'on est préoccupé surtout du désir de rendre une pensée aussi claire que possible, et de la présenter sous des faces diverses, dans l'espoir de la faire accepter.

PREMIÈRE QUESTION

DÉFINITION DE L'HYPOTHÈSE

J'ai employé le mot hypothèse dans le sens que lui attribue le Dictionnaire de l'Académie française : « supposition d'une chose, soit possible soit impossible, de laquelle on tire une conséquence. » Il est résulté de l'emploi du mot dans ce sens tout à fait général que j'ai fait quelquefois usage à titre à peu près égal des termes *hypothèse*, *supposition* et *conjecture*. En faisant ainsi, j'ai suscité cette objection : « Il n'est pas admissible qu'il y ait dans la langue plusieurs mots pour exprimer précisément la même idée ; c'est donc à tort que vous avez identifié l'hypothèse, la supposition et la conjecture. »

Il ne me sera pas difficile de préciser la valeur relative de ces termes, tout en maintenant la communauté fondamentale du sens qui permet, dans un grand nombre de cas, d'employer indifféremment l'un ou l'autre. La supposition est le *genre*, l'hypothèse et la conjecture sont ses deux *espèces*. La conjecture, selon le Dictionnaire de l'Académie, est « une opinion sur une chose obscure et incertaine ». L'hypothèse sera une supposition vraie ou fausse, mais qui repose sur une base sérieuse, c'est-à-dire sur des observations réelles. Cette terminologie étant établie, il est permis d'opposer, comme le fait M. de Candolle [1], « des aperçus basés sur ce qu'on observe actuellement à de pures hypothèses ; » mais il sera entendu que la pure hypothèse est ce que j'appelle la simple conjecture, et que « l'aperçu basé » est la supposition à laquelle, en précisant le terme, je réserve spécialement le nom d'hypothèse.

Il est des cas où la précision du langage préviendrait de grandes erreurs. Newton, en parlant des causes physiques de la gravitation universelle, déclare qu'on ne possède pas encore des expériences suffisantes pour hasarder une explication à cet égard, et il écrit cette parole devenue célèbre *Hypotheses non fingo* [2], voulant dire qu'il ne veut pas émettre une opinion qui n'aurait pas de fondement dans les phénomènes observés. Si l'on veut employer les termes dans un sens précis, il faut traduire : « Je ne fais pas de conjectures. » Mais on a entendu cette déclaration dans le sens de l'empirisme qui veut exclure toute supposition du domaine de la science. Qu'avait fait Newton, cependant ? Il avait conçu l'hypothèse la plus splendide de la mécanique céleste, et il n'y a qu'à ouvrir son *Traité d'optique* pour trouver à la fin une série de questions qui ne sont que des hypothèses proposées à l'examen des savants. Newton avait raison de ne pas encombrer la science

1. *Histoire des sciences et des savants depuis deux siècles*, p. 312.
2. *Principes mathématiques de la philosophie naturelle.* — Scholie général.

de simples conjectures ; mais, s'il avait mis en pratique son *Hypotheses non fingo* dans le sens où on l'a entendu, nous ne posséderions pas la loi de la gravitation universelle.

On m'a demandé : « Le mot hypothèse n'a-t-il pas, dans la science actuelle, un sens déterminé qui n'est pas conforme à l'emploi que vous en avez fait? Il est des suppositions qui ont simplement pour but d'exprimer les faits, la succession ou la simultanéité des phénomènes perceptibles, et qui sont ainsi vérifiables par l'expérience. Il est d'autres suppositions qui ne sont pas vérifiables par l'expérience et qui resteront toujours dans le domaine de la théorie pure, parce qu'elles aspirent à déterminer la nature et la cause des phénomènes. Ne sont-ce pas les suppositions de cette seconde espèce, par opposition à celles de la première, que les savants contemporains nomment hypothèses? Par exemple, les lois de la réflexion et de la réfraction de la lumière sont vérifiables par une expérience directe, tandis que l'existence du fluide subtil qu'on appelle éther est une manière d'expliquer les phénomènes qui échappe au contrôle expérimental. Les lois de la réfraction et de la réflexion sont des vérités scientifiques ; l'éther n'a qu'une existence hypothétique. Ainsi encore, la loi de la pesanteur a été vérifiée directement par les expériences de Galilée et de ses successeurs ; c'est l'expression des faits observables. L'existence des atomes, dont parlent nos chimistes, est une manière d'expliquer les faits qui n'est pas susceptible de vérification expérimentale ; c'est une hypothèse. » Telle est la question qui m'a été posée. Je réponds :

Il est vrai qu'un certain nombre de savants emploient le

mot hypothèse dans le sens restreint qui vient d'être indiqué. Il est vrai surtout qu'il y a une différence à noter entre les lois qui sont l'expression des faits et les théories qui aspirent à déterminer leur nature et leurs causes. M. Littré remarque avec raison que les lois de Newton sont indépendantes des théories relatives à la nature de la pesanteur, et que les lois d'Ampère subsistent, quelle que soit l'idée qu'on se fasse de la nature de l'électricité [1]. De même, les lois de l'optique expérimentale subsistent dans la théorie de l'ondulation comme dans celle de l'émission. Il y a là des hypothèses de deux natures diverses, parce qu'elles portent sur des objets différents, et que les conditions de leur vérification ne sont pas les mêmes. Mais les lois les mieux établies n'ont pu être au début que des suppositions. Dans les deux cas indiqués, l'opération logique est la même, et réserver le nom d'hypothèse pour les théories qui ne sont pas la simple expression des faits observables, c'est courir le risque de donner le change à la pensée, en laissant croire que les lois qui ont un autre caractère ont pu sortir directement de l'expérience, sans l'intervention de la faculté de supposer.

Du reste, les deux ordres d'hypothèses ne sont point séparés, autant qu'on le pense, dans la formation de la science. Ecoutons un maître : « Les époques où l'on a ramené à un principe unique des phénomènes considérés auparavant comme dus à des causes absolument différentes ont été presque toujours accompagnées de la découverte de nouveaux faits, parce qu'une nouvelle manière de concevoir

1. Notice placée en tête du second volume de l'*Essai sur la philosophie des sciences* d'Ampère, p. LXXIX.

les causes suggère une multitude d'expériences à tenter [1]. » Voilà la recherche des causes, que certains théoriciens modernes voudraient proscrire, indiquée comme fécondant la recherche des faits. M. Helmoltz nous informe que la découverte de l'analyse spectrale a son origine directe dans la théorie de la conservation de la force [2]. Il est hors de doute que la théorie de Fresnel sur la nature propre des phénomènes lumineux a fait faire un pas considérable à l'étude directe des lois de la lumière. La théorie mécanique de la chaleur, qui n'est pas la simple expression des faits, mais une manière de les expliquer, a fait découvrir un grand nombre de faits nouveaux. En cherchant à comprendre la constitution de la matière, nos chimistes arrivent à l'idée d'atomes que personne ne verra jamais, et de mouvements qu'on ne pourra pas constater directement. Leurs recherches théoriques dirigées sous l'empire de ces idées les mettent sur la voie d'expériences qui enrichissent la partie purement expérimentale de leur science.

Il faut du reste s'entendre sur le mode de vérification des lois dites expérimentales. Les éléments de la science qui sont vérifiables par une expérience directe sont extrêmement rares. J'ajouterai un nouvel exemple à ceux que j'ai indiqués à cet égard. Nous savons, par le témoignage de Galilée, qu'il fut conduit par des considérations rationnelles à l'idée de la loi de la chute des corps graves, mais qu'il n'admit la loi pour réelle qu'après avoir consulté l'expérience. L'expérience dans ce cas n'est pas appliquée aux phénomènes qu'on a directement en vue; elle

1. Ampère, *Théorie des phénomènes électro-dynamiques*, p. 131.
2. *Revue des cours scientifiques* du 8 janvier 1870, p. 93.

s'applique à une conséquence déduite de la manière dont on explique les faits. Voici comment M. Bertrand s'exprime à ce sujet : « Comment vérifier que la vitesse d'un corps pesant est proportionnelle au temps de la chute? Où prendre, pour la mesurer à chaque instant, cette abstraction que nous nommons vitesse et qui n'a de réalité que dans la pensée? Il faut nécessairement transformer le principe et, dans la longue suite de ses conséquences, en trouver enfin qui soient accessibles à l'observation. Quand Galilée a montré que cette loi de vitesse posée *à priori* exige que les espaces parcourus soient proportionnels au carré du temps, et que la même loi doit s'étendre à la chute sur un plan incliné, il lui reste à constater qu'un trajet quatre fois plus long est accompli en un temps double, et les raisonnements ont transformé en épreuve décisive une expérience qui, faite *à priori*, n'aurait fourni au contraire qu'un fait curieux, mais sans portée [1]. » Le même auteur dit d'une manière générale : « La vérification directe d'un principe est presque toujours inaccessible à l'observation comme à l'expérience..... Juger les principes par la vérification expérimentale des conséquences les plus éloignées, tel est le fondement solide de la science moderne [2]. » Si l'on ne voulait admettre que les hypothèses immédiatement et directement vérifiables, la pensée, je le répète, resterait confinée dans la partie la plus élémentaire de la physique et de la chimie, et même ces parties inférieures du savoir humain auraient une marche languissante.

1. *Les fondateurs de l'astronomie moderne*, p. 262 de la 3e édition.
2. *Idem*, p. 262 et 263.

DEUXIÈME QUESTION

PSYCHOLOGIE DE L'HYPOTHÈSE

« A quelle faculté rapportez-vous l'hypothèse ? »

A cette brève question, qui soulève un des problèmes les plus intéressants de la psychologie, j'ai répondu déjà, et je répondrai maintenant avec des développements nouveaux, justifiés par l'importance du sujet : au génie. Le génie est l'élément producteur de l'art et de la science. Dans le domaine de l'art, c'est la faculté de créer des œuvres qui éveillent le sentiment de la beauté; dans le domaine de la science, c'est la faculté de découvrir le vrai. S'il m'est permis d'employer dans un sens précis un terme assez vague dans le commun usage, je dirai que l'*intuition* est une vue spontanée de la vérité qui est à la base de toute découverte, et que l'intuition est l'acte du génie. Lorsque la place de l'hypothèse aura été faite en logique, celle du génie sera faite en psychologie, et l'intuition sera signalée avec l'expérience et la raison, comme une des sources de la connaissance humaine. La plupart des traités de psychologie offrent sous ce rapport une véritable lacune. J'ai remarqué comme exceptions, dans les traités élémentaires, l'*Art d'arriver au vrai* de Balmès et les *Essais de philosophie* de M. Prévost. L'invention, dit M. Prévost, est « le caractère du génie. » Mais l'invention est la découverte de la vérité. Si quelqu'un a trouvé une sottise, on ne dit pas qu'il l'a inventée, on dit qu'il ne l'a pas évitée [1]. Le génie étant ainsi défini, c'est une des facultés essentielles de l'esprit, faculté que tous les hommes possèdent, mais à des degrés divers. Tout le monde a plus ou moins d'imagination et plus ou moins de jugement. Nous appelons homme d'imagination celui qui possède cette faculté à un degré qui passe la mesure commune. Nous appelons de même homme de génie celui qui possède à un degré exceptionnel la faculté de faire des suppositions justes; mais il n'est personne qui ne fasse de temps à autre des suppositions justes. La mère de famille qu'un bruit inquiète, et qui se rassure en supposant, puis en constatant que le bruit vient de la rue et non de la chambre de son enfant, a fait sur la nature d'un phénomène perçu une hypothèse vraie; elle a fait acte de génie dans le sens général du terme.

L'étymologie du mot met sur la trace de sa signification véritable. *Génie* signifie, en premier lieu, un esprit qui entre en rapport avec nous et peut nous inspirer des sentiments et des pensées. C'est le démon de Socrate, c'est l'ange gardien du christianisme. Képler emploie le mot dans son sens étymologique lorsqu'il dit à l'occasion d'une de ses découvertes : « Mon bon génie me

1. Nec enim contraria, communia, stulta, *invenisse* dicitur quisquam, sed non vitasse (Quintilien). — Prévost, *Essais de philosophie*, tome I; p. 136 et 137.

souffla le résultat. » Cette façon de parler exprime très bien le caractère spontané de l'intuition. L'esprit individuel ne peut obtenir aucune connaissance sans le déploiement d'activité qui constitue l'attention ; mais il est essentiellement passif soit à l'égard des données de l'expérience, soit à l'égard des lois de la raison, et constate seulement ce qui est. Dans l'intuition, l'esprit crée une pensée qui procède de lui, qui reste sans valeur si elle n'est pas conforme aux réalités observées, et qui devient une vérité découverte si elle est vérifiée par les moyens appropriés.

L'hypothèse n'est pas le résultat d'une réceptivité passive ; mais ce n'est pas non plus le résultat d'un acte de la volonté. Rien ici ne peut suppléer à la nature de l'intelligence personnelle. Voici comment Kant s'exprime à ce sujet : « Le *génie* est le talent d'*inventer* ce qui ne peut être ni enseigné ni appris... On ne peut donc pas l'obtenir à commande et à beaux deniers, comme le produit d'une fabrique, mais il doit venir d'une inspiration dont l'auteur lui-même n'a pas le secret, c'est-à-dire d'une disposition propre dont la cause lui est inconnue. Le génie brille donc comme un phénomène éclatant, qui se montre et disparaît par intervalles. Son éclat n'est pas celui d'une lumière qu'on ferait apparaître et durer à volonté ; c'est celui d'une étincelle éblouissante qu'un heureux accès de l'esprit fait jaillir de l'imagination productive [1]. » Kant, dans ce passage, parle directement du génie poétique ; mais ces réflexions sont applicables aux manifestations du génie dans l'ordre de la science.

1. *Anthropologie*, traduction Tissot. Note des pages 317 et 318.

L'intelligence envisagée d'une manière générale est soumise, au moins dans un grand nombre de cas, aux lois de l'hérédité. La mémoire, l'imagination, le jugement, se transmettent fréquemment d'une génération à l'autre avec les dispositions organiques qui sont la condition de leur exercice. Ces germes héréditaires sont développés par l'éducation, de telle sorte que, soit par la transmission des principes de la vie, soit par les influences qui agissent sur l'enfant dès le berceau, certaines familles et certaines races peuvent présenter une physionomie intellectuelle et morale particulière. Le génie semble échapper à cette loi générale. On cite quelques familles de savants de génie, mais elles sont rares. « Combien de savants illustres parmi les ascendants desquels on ne rencontre que des gens ordinaires ou remarquables par des talents bien différents de ceux qui caractérisent le savant ! Où sont les influences héréditaires qui ont formé un Cuvier, un Biot, un Fresnel, un Magendie, un Ampère, un Blainville, un Gay-Lussac?.... Le génie philosophique a paru toujours absolument individuel, inaliénable et intransmissible. Il n'y a pas un seul penseur célèbre dans l'ascendance ou la descendance duquel on puisse retrouver l'indice précurseur ou le souvenir des aptitudes éminentes qui ont fait sa gloire. Descartes et Newton, Leibniz et Spinoza, Diderot et Hume, Kant et Maine de Biran, Cousin et Jouffroy n'ont ni aïeux ni postérité [1]. » M. de Candolle, abordant la même question, déclare que, en présence des faits qu'il a réunis et des renseignements biographiques qui lui sont

1. Fernand Papillon, *La nature et la vie*, p. 434 et 435.

connus, il doit conclure dans un sens plutôt contraire à l'action de l'hérédité sur le génie scientifique [1]. Il fait seulement une exception pour les sciences mathématiques. M. Claude Bernard dit dans le même sens : « Le génie ne semble pas se transmettre [2]. » La fonction créatrice de l'intelligence paraît donc avoir un caractère individuel et inné; il en résulte que la marche de la science peut dépendre, dans une mesure assez large, de l'existence d'un savant. Lavoisier fut guillotiné, le 8 mai 1794; il avait cinquante et un ans. Qui peut dire si cette tête illustre, en tombant sous le couteau de la Révolution, n'emportait pas le germe d'idées et de découvertes que la science de nos jours ne possède pas encore?

Le génie, comme l'a remarqué M. Prévost [3], est une faculté composée. Dans le domaine de l'art, il suppose l'imagination qui combine des images ou des sons, et le goût qui choisit entre ces combinaisons diverses. Un artiste est à la fois créateur et critique; et la valeur de son œuvre dépend de la combinaison de ces deux éléments. Shakspeare a plus de puissance créatrice que de goût; Racine a plus de goût que de puissance créatrice. Le peintre Calame travaillait un jour à un tableau destiné à reproduire les effets d'un ouragan; un chêne renversé occupait le devant de la toile. Il avait le sentiment d'un défaut de sa peinture, défaut dont il ne réussissait pas à se rendre compte. Son ami Töpfer vint le visiter et fut nanti de la question. Au bout d'un moment, Töpfer dit :

1. *Histoire des sciences et des savants depuis deux siècles*, p. 101.
2. *Rapport sur les progrès et la marche de la physiologie générale en France*, p. 216.
3. *Essais de philosophie*, tome I, p. 136.

« Ce chêne !.... » Calame comprit au premier mot, saisit un racloir et effaça immédiatement l'arbre, qui nuisait à l'effet de son œuvre. On voit dans cet exemple la répartition entre deux personnes des deux facultés dont l'ensemble constitue le génie de l'art. Le goût seul est une faculté critique qui ne produit rien; l'imagination seule risque de s'égarer. La combinaison de ces deux facultés est nécessaire au génie, mais peut ne pas être le génie. Il est facile de se représenter un artiste fertile en essais de toute nature, doué d'un goût sûr qui n'approuve aucune de ses productions, et qui pourrait travailler indéfiniment sans atteindre le but. Le génie de l'art suppose donc l'imagination et le goût; mais il est en lui-même quelque chose de spécial : le pouvoir de créer la beauté.

Les mêmes éléments se retrouvent dans le génie scientifique. Pour faire une découverte, il faut être capable de combiner des idées et de saisir leurs rapports en vue de l'explication des phénomènes. Ce pouvoir de combinaison est souvent nommé l'imagination scientifique; mais le terme imagination est employé ici d'une manière défectueuse, puisqu'il s'agit d'un domaine où les images doivent disparaître pour faire place aux idées. A cette faculté combinatrice des idées, il faut joindre le jugement, ou le sens du vrai, qui est dans l'ordre de la science ce qu'est le goût dans le domaine de l'art. Entre les hypothèses en nombre indéterminé qui peuvent s'offrir à la pensée, il faut savoir choisir, par une sorte d'instinct de l'intelligence, celles qui sont dignes d'être soumises à l'épreuve des vérifications régulières. En deux mots, l'esprit du savant capable de faire accomplir des progrès à la science doit être à la fois inventif et sagace. La réunion de ces deux qualités est nécessaire, mais insuffisante. De même qu'on peut concevoir un peintre combinant une foule d'images et les rejetant comme impropres à atteindre son but, on peut concevoir un savant entrevoyant une multitude d'hypothèses et les rejetant toutes, sans arriver à une seule découverte. Il existe des esprits de cette nature. L'intuition de la vérité suppose donc, outre la faculté d'invention et celle de jugement, qui sont ses conditions nécessaires, un élément personnel dont nous ne saurions assigner l'origine. Cet élément personnel, qui est le génie proprement dit, se rattache au fait général de l'individualité. L'individualité apparaît avec les premières manifestations de la vie, puisque les semences produites par un même végétal ne sont pas identiques, comme le sont les molécules d'un même corps simple, et l'individualité se retrouve à tous les degrés de la hiérarchie des êtres vivants, depuis la plante jusqu'à l'homme.

Deux remarques sont nécessaires pour entendre dans leur signification vraie les considérations qui précèdent.

1° En désignant le génie comme une faculté spéciale, je n'entends pas faire de la mythologie, et créer sous le nom de facultés un olympe d'entités fictives. Les facultés ne sont que les modes divers de l'activité de l'esprit, un dans son essence. C'est le même moi qui est le sujet de la connaissance, soit qu'il s'agisse des conceptions sensibles qui nous mettent en rapport avec le monde de la matière, soit qu'il s'agisse de la conscience psychologique qui nous révèle les phénomènes internes. Là où nous rencontrons un mode d'activité irréductible à d'autres, nous signalons l'existence d'une faculté, ce qui veut dire simplement d'une forme particulière d'action. L'intuition, ou la supposition de la vérité, est un mode d'activité dans lequel se rencontre un élément irréductible à d'autres; c'est là tout ce que je veux dire en affirmant que le génie est une faculté spéciale.

2° Dans toute activité spirituelle, les fonctions de l'esprit sont plus ou moins conjointes; l'action isolée d'une faculté est une chose qui n'existe pas dans le domaine de notre expérience. La mémoire, par exemple, est irréductible aux fonctions de la perception et du jugement; les fonctions de la perception et du jugement sont irréductibles à la mémoire; il est facile toutefois de montrer que sans la mémoire il n'y aurait ni jugement ni perception, et que sans la perception il n'y aurait pas de mémoire. Il n'est pas moins facile d'établir que dans toute production scientifique on peut constater la présence de l'observation, de la mémoire, du raisonnement, de l'abstraction, de la comparaison, etc. Si j'ai signalé à la base du génie la faculté d'inventer et celle de juger, c'est que ce sont ses deux conditions les plus immédiates. Ces conditions supposent elles-mêmes tout l'ensemble des opérations intellectuelles; mais il importe de ne jamais confondre les conditions d'un phénomène avec sa cause. Du combustible, un foyer, l'oxygène de l'air, sont les conditions nécessaires d'un feu; mais ces conditions sont impuissantes à produire la flamme sans l'étincelle, ou le degré de chaleur qui la remplace. La réunion de toutes les facultés de l'intelligence forme la condition générale d'une découverte; le génie est l'étincelle qui la produit.

TROISIÈME QUESTION

PLACE DE L'HYPOTHÈSE DANS LA SCIENCE

J'ai reçu plusieurs communications relatives à la place de l'hypothèse dans la science. La première concerne la géométrie. On m'a dit : « Un théorème ne se présente pas toujours sous la forme d'une supposition à vérifier. Il peut être le résultat d'un problème dont la solution renferme à la fois le théorème et sa démonstration. Par exemple, on a pu trouver l'égalité des trois angles d'un triangle à deux droits en cherchant la somme de ces trois angles. »

Un tel cas peut se présenter sans doute; mais i n'en résulte pas que l'élément de l'hypothèse soit absent. En effet, l'invention qui n'aura pas existé dans l'énoncé du théorème aura trouvé sa place dans le choix des procédés à employer pour résoudre le problème. Un même problème étant posé à deux géomètres, l'un pourra en trouver la solution, qui échappera aux efforts de l'autre. Pourquoi? Parce que le premier aura fait sur la marche à suivre des suppositions justes qui ne se seront pas offertes à l'esprit du second.

On m'a posé une question d'une nature plus générale dans les termes suivants : « N'y a-t-il pas des cas où l'on atteint une vérité scientifique sans aucun élément d'hypothèse ? Par exemple, il existe une périodicité dans l'apparition des taches du soleil ; il existe aussi une périodicité dans le magnétisme terrestre. Quelques astronomes ont remarqué spontanément et simultanément la concordance de ces deux périodicités. Voilà une vérité scientifique qui peut avoir une grande importance ; elle est établie sans qu'aucune supposition soit intervenue. »

Je pourrais faire observer que l'idée de la concordance dont il s'agit a dû se présenter à l'esprit avant d'être vérifiée, bien que, dans ce cas, la vérification soit en quelque sorte instantanée et se dissimule par le fait de sa rapidité. Je pourrais faire observer encore que la concordance dont il s'agit a été remarquée par quelques astronomes, M. Alfred Gautier entre autres, et non par les autres, en sorte qu'il y a ici un élément de spontanéité individuelle. Mais, sans insister sur ces remarques, je veux bien admettre qu'il n'existe dans le cas indiqué aucun élément d'hypothèse. De quoi s'agit-il ? De l'observation d'un fait. L'observation d'un fait peut se présenter en dehors de toute influence de l'hypothèse. C'est un élément de science, c'est même la base de toute science sérieuse, mais ce n'est pas une explication. Or, si l'observation pure est la condition essentielle de la science, c'est l'explication qui est le vrai but du travail scientifique. La concordance des périodes des taches du soleil et de celles du magnétisme terrestre est-elle une simple concordance fortuite ? Y a-t-il entre ces deux éléments un lien de cause à effet, ou le double effet simultané de causes communes ? Quelle est la nature de ce lien? Telles sont les questions qui se posent et s'imposent à l'esprit du savant. Or, la question une fois posée, il est impossible de la résoudre sans qu'il intervienne une supposition à vérifier.

L'expérience, au sens général de ce terme, est le point de départ de tout; ce n'est pas seulement la condition des hypothèses sérieuses, c'est la condition même de l'exercice de la raison. Les éléments *à priori* de la pensée n'entrent en exercice que sous la condition de données expérimentales. On peut se figurer l'ensemble des lois de la raison comme analogue, dans l'ordre intellectuel, à ce qu'est le mécanisme d'une horloge dans l'ordre matériel. L'expérience est le branle donné au pendule sans lequel le mécanisme ne fonctionnerait pas. L'erreur de l'empirisme est de croire que le branle donné au pendule peut expliquer l'ensemble des mouvements qui vont se produire, en oubliant l'existence préalable du mécanisme lui-même. Un fait se présente : sous la réserve du degré d'activité nécessaire à l'état de veille, l'homme est à son égard à l'état de passivité : il voit, il entend, il perçoit. L'activité volontaire et intentionnelle, c'est-à-dire l'attention, transforme cette perception simple en observation. Le fait observé appelle une explication qui ne peut résulter que d'une hypothèse, produit de l'activité spontanée de l'esprit. Vient enfin la nécessité du contrôle. Observer, supposer, vérifier, c'est la méthode générale qui se retrouve sous toutes les méthodes particulières, qui diffèrent seulement par la nature de l'observation et par celle du contrôle. J'étais arrivé à ce résultat par des considérations de l'ordre philosophique, et j'ai été heureux de me trouver exactement d'accord avec M. Chevreul qui résume ainsi son idée sur la méthode, idée à laquelle il déclare être parvenu à la suite de plus de quarante années de travaux de laboratoire : « Un phénomène frappe vos sens ; vous l'observez avec l'intention d'en découvrir la cause, et pour cela vous en *supposez* une dont vous cherchez la vérification, en instituant une expérience. Si l'hypothèse n'est pas fondée, vous en faites une nouvelle que vous soumettez à une nouvelle expérience, et cela jusqu'à ce que le but soit atteint, si toutefois l'état de la science le permet. [1] »

Un de mes correspondants accorde que l'observation seule ne suffit pas pour construire la science, mais il m'objecte ce qui suit : « Il est des cas nombreux dans lesquels, à partir d'une donnée de l'expérience, on s'élève par l'induction à des vérités générales, dont on redescend par la déduction à des cas particuliers, sans aucun mélange d'hypothèse. » On me donne deux exemples à l'appui de cette thèse. « Un capitaine de vaisseau eut son équipage atteint par le scorbut, et il n'existait à son bord aucun des médicaments propres à combattre cette maladie. Il se rappela que le chou est un antiscorbutique, et, d'une manière générale, que les crucifères possèdent cette propriété. Il découvrit dans une terre où il aborda une plante qui lui parut analogue au chou, il l'essaya comme remède, et la tentative réussit. Nous avons ici l'induction qui va d'une plante spéciale à la famille des crucifères, la déduc-

1. *Lettres adressées à M. Villemain*, p. 28.

tion qui redescend à une autre plante de même apparence, et aucune hypothèse. — Autre exemple : Comment s'est formée la théorie du transport des blocs erratiques par les glaciers ? On a remarqué que les glaciers actuels charrient des blocs; de là, par induction, on a formé cette proposition générale : Les glaciers charrient des blocs, puis on est redescendu par déduction à l'affirmation que les blocs erratiques ont été transportés par d'anciens glaciers. »

L'induction et l'analogie sont assurément des sources fécondes de découvertes scientifiques; mais elles ne fournissent que des suppositions à vérifier; et l'on ne saurait méconnaître cette vérité logique sans s'exposer aux plus graves erreurs. On ne peut conclure par induction que lorsqu'on possède une classification exacte, et la détermination réelle des caractères essentiels et permanents des classes. En chimie, par exemple, on n'a pas de doutes sur la permanence des propriétés des corps simples. Si un mélange d'oxygène et d'hydrogène, dans certaines proportions données, soumis à un degré déterminé de chaleur, ne produit pas de la vapeur d'eau, on supposera un défaut dans l'expérience, mais on n'élèvera pas de doute sur la théorie de la composition de l'eau. De même en physique, s'il se produit dans une expérience un phénomène qui semble contraire aux lois de la pesanteur, on cherchera l'explication du fait partout ailleurs que dans l'idée que le corps sur lequel on opère ne serait pas pesant. Pourquoi cela? Parce qu'il s'agit de classes bien établies, et que l'on admet sans contestation les qualités spéciales des gaz simples connus, et les qualités générales de tous les corps pondérables. Mais plus les corps dont il est question sont compliqués, plus l'induction revêt un caractère hypothétique. C'est une chose fort complexe par exemple que les vertus médicinales de certains végétaux. L'expérience faite par le capitaine de navire dont on m'a parlé a réussi, c'est-à-dire qu'il a vérifié une hypothèse inductive; mais si l'on raisonnait de même à l'égard des champignons, en concluant qu'ils sont tous comestibles parce qu'on en a mangé quelques-uns sans inconvénient, en croyant faire une induction certaine, on se tromperait d'une manière funeste. L'induction n'a une application sûre que lorsque la classification a réussi à attribuer des natures vraiment constantes à des objets déterminés. Dans ce cas, l'induction fonctionne seule; mais comment est-on arrivé au classement nécessaire? Par une série d'hypothèses vérifiées, comme nous l'avons vu.

En ce qui concerne la théorie des glaciers, les origines de cette découverte, telles que je les ai indiquées[1], s'opposent absolument à ce qu'on accepte l'explication de mon correspondant. C'est au contraire, dans l'histoire de la science moderne, un des cas où le rôle de l'hypothèse est le plus manifeste. Si l'idée nouvelle avait été une simple induction, Charpentier et Agassiz l'auraient immédiatement admise, et les faits accumulés dans une lente vérification n'auraient pas été nécessaires pour leur faire accepter une supposition scientifique qui, au début, leur avait paru inadmissible.

1. Partie I, chapitre IV.

QUATRIÈME QUESTION

RECHERCHE DES CAUSES

On lit dans la *Critique philosophique* du 4 avril 1878 : « M. Naville admet la recherche des causes comme étant du domaine scientifique. Nous croyons, quant à nous, que la vraie méthode des sciences s'est établie en substituant à la préoccupation de ce que les philosophes appelaient des *causes*, et dont les physiciens cherchaient le siège dans les *substances*, la détermination des conditions nécessaires et suffisantes de la production des phénomènes et des lois de cette production. »

J'admets pleinement que la physique moderne s'est établie en bornant ses recherches à la considération des propriétés mécaniques des corps, et qu'elle a dû renoncer pour cela à l'idée, soutenue encore par Bacon, d'expliquer les phénomènes par les *vertus* de certaines matières, soit par des causes indéterminées ayant leur siège dans diverses substances. Mais ce n'était pas là renoncer à la recherche des causes, c'était renoncer à la théorie de causes occultes et imaginaires pour rechercher les causes réelles.

Après une réserve relative aux agents supposés libres, j'ai défini la cause « un antécédent dont un conséquent suit selon une loi fixe », et j'ai réclamé la distinction de la cause, c'est-à-dire de l'antécédent, et de la loi qui formule le mode d'apparition du conséquent. La gravitation est une *loi;* la présence d'un corps d'une masse donnée est une *cause*. Une combinaison chimique est exprimée par une *loi;* la présence des corps qui entrent en combinaison est une *cause*. Le mode de développement d'un organisme est une *loi;* la présence d'un germe vivant est une *cause*. Les lois seules n'expliquent rien, puisqu'elles se bornent à formuler le mode d'action des agents, et que sans les agents rien ne se produit. C'est donc, à mon sens, une erreur très grave que d'affirmer, comme on le fait souvent, que la science moderne a renoncé à la recherche des causes, et ne s'occupe plus que de la découverte des lois. Le rédacteur de la *Critique philosophique* n'est point tombé dans cette erreur : et je crois que, le sens que j'ai donné au mot cause étant bien élucidé, nous sommes entièrement d'accord. En effet, il réclame pour les explications scientifiques deux choses distinctes : 1° les conditions nécessaires et suffisantes de la production des phénomènes; 2° les lois de cette production. Les conditions de la production d'un phénomène sont toujours des êtres capables de produire une modification dans l'état des choses (corps en physique, germes en biologie), et c'est là ce que j'appelle des causes, en me conformant à l'usage universel. Les lois expriment un mode de production et ne produisent rien. A côté de la recherche des lois, il faut donc faire une place à la recherche des causes.

CINQUIÈME QUESTION

VÉRIFICATION DES HYPOTHÈSES

La *Critique philosophique* (4 avril 1878) m'adresse à ce sujet les deux questions suivantes :

1° A quel signe peut-on distinguer sûrement une hypothèse *vérifiable* d'avec une hypothèse invérifiable ?

2° Quand et comment devient-il permis de dire d'une hypothèse qu'elle est *vérifiée ?*

La réponse à la première question est facile en théorie. L'observation et l'expérience étant le seul contrôle valable des théories, une hypothèse est vérifiable lorsqu'elle a des conséquences qui tombent dans le domaine de l'observation possible. Si les conséquences d'une hypothèse échappent au contrôle de l'expérience, on se trouve en présence d'une simple conjecture qui ne saurait prendre place dans la science à titre de théorie. La règle est claire. Elle peut s'appliquer avec certitude à un moment donné, dans un état déterminé des moyens d'observation. Mais il est impossible de l'appliquer avec certitude en vue d'un avenir inconnu, et dans la perspective des progrès possibles de nos moyens d'observation. La *Critique philosophique* signale à ce sujet « une lacune dans mes recherches, lacune, il est vrai, difficile à remplir. » Je n'ai pas la prétention d'avoir épuisé le sujet ; mais je crois que la lacune est, non pas difficile, mais impossible à remplir, dans un sens absolu. Il faudrait en effet prévoir avec certitude la limite imposée à nos moyens d'observation ; mais comment arriver à poser cette limite ? Les résultats de l'analyse spectrale fournissent à cet égard un exemple des plus instructifs. L'affirmation que la science pourrait arriver à déterminer la composition chimique des étoiles et des nébuleuses aurait paru, il y a quelques années, une supposition absolument téméraire. Nous la considérons aujourd'hui comme fondée. Il est des conjectures qui s'éloignent tellement de toute vérification possible dans le présent et probable dans l'avenir, que nous les reléguons sans hésiter hors des cadres de la science ; mais je ne pense pas que l'on puisse arriver sous ce rapport à une règle précise. *On peut affirmer qu'une hypothèse est invérifiable dans l'état présent de la science ; on ne peut pas affirmer qu'elle le sera toujours.* Cela ne concerne naturellement que les hypothèses possibles. Pour les conjectures contraires aux données de la raison ou aux lois expérimentales solidement établies, la vérification est faite, en ce sens qu'elles sont reconnues fausses.

Quand et comment devient-il possible de dire d'une hypothèse vérifiable qu'elle est vérifiée ?

S'agit-il d'une vérification *relative*, établissant la probabilité d'une théorie ? En ce cas, l'assentiment de l'esprit est proportionnel à l'explication des phénomènes, et la vérification passe par tous les degrés qui séparent un doute complet d'une pleine affirmation. S'agit-il d'une vérification *absolue*, entraînant la certitude? La question soulève alors un des problèmes les plus difficiles de la philosophie. En théorie, si l'on excepte les sensations et les perceptions immédiates, la certitude pleine est le monopole des vérités purement rationnelles, évidentes ou démontrées, vérités dont il est impossible de douter, parce qu'elles sont l'expression directe et simple des lois de la raison. En fait, nous accordons à des théories explicatives des faits une adhésion sans réserve. Les astronomes modernes accordent une confiance aussi entière à la théorie de Kopernik qu'aux résultats d'un calcul mathématique. Cette théorie toutefois est une hypothèse qui a passé par tous les degrés de la probabilité. Des savants illustres l'ont considérée longtemps comme douteuse; Pascal encore était dans ce cas. Quand a-t-elle été universellement admise? On peut le dire au point de vue historique. Les contestations ont cessé après la publication de la découverte de Newton. Pourquoi? Parce que la mécanique céleste rendit compte alors des mouvements des astres, et que la mécanique céleste ainsi conçue supposait la vérité de la théorie de Kopernik. Mais est-il possible de traduire en une formule ce fait et tous les faits analogues? La logique peut-elle préciser, d'une manière absolue, le moment où une hypothèse probable devient certaine? Cela est douteux, ai-je dit autrefois, en abordant ce sujet [1],

1. Mémoire sur le fondement logique de la certitude du témoignage, dans les *Séances et travaux de l'Académie des sciences morales et politiques*, tome XCIX, p. 577 et suivantes.

et je me trouve dans l'obligation de reproduire aujourd'hui le même aveu d'impuissance. En théorie pure, je le repète, si l'on s'en tient aux règles de la logique ordinaire, la plus haute probabilité ne peut devenir certitude. En fait, il est une foule d'hypothèses confirmées en mécanique, en physique, en chimie, sur la foi desquelles nous n'hésitons pas à régler notre conduite. La raison théorique et la raison pratique suivent ici des lignes divergeantes ; et cette considération me paraît digne de fixer l'attention des penseurs.

SIXIEME QUESTION

PRINCIPES DIRECTEURS DES HYPOTHÈSES

J'ai dit que la recherche de l'unité, sous les formes diverses de l'induction, de l'harmonie et de la simplicité, est le grand principe directeur des hypothèses. Je me trouve à ce sujet en présence de cette brève question : « Vous dites que la tendance à l'unité est très générale. S'il en est ainsi, d'où vient que les esprits synthétiques sont très rares ? »

Il s'agit ici d'un fait : la rareté des esprits synthétiques ; et ce fait, je ne l'accorde pas. L'intelligence est essentiellement synthétique. Nous en avons la preuve dans les premières manifestations de la pensée des enfants. L'enfant élevé à Genève qui, rencontrant un cours d'eau, l'appelle un *Rhône*, fait une synthèse ; il réunit sous une désignation commune toutes les eaux courantes. Ce dont la science a surtout à se défendre, ce sont les conjectures sans fondement sérieux, qui sont le résultat d'une synthèse précipitée. L'une des règles qu'on a le plus besoin de rappeler est celle donnée par Prévost :

« N'accorder à l'hypothèse que le degré de confiance que mérite sa vérification [1]. » Il n'arrive en effet que trop souvent que, selon l'heureuse expression de l'un de mes correspondants, « l'hypothèse dégénère en axiome. » Les droits de l'expérience et de l'analyse ont eu bien de la peine à se faire reconnaître, en présence des séductions d'une science de la nature purement *à priori*, qui n'était autre chose que l'abus de la synthèse. Ce n'est qu'au XVIIIe siècle, et sous l'influence combinée des découvertes de Newton et de la philosophie incomplète de Locke, que la partie expérimentale de la méthode a été admise sans contestation. Le XVIIIe siècle est tombé du côté où il penchait, en entrant dans la voie de l'empirisme; et déjà, ainsi que nous avons eu l'occasion de le reconnaître en parlant du transformisme, une réaction violente se produit dans l'ordre des sciences naturelles, où l'esprit systématique se donne carrière. Quant à l'ordre spirituel, il est encore presque entièrement livré, du moins pour les théories générales, à l'*à priori* pur. On peut constater le fait dans les tentatives des savants qui veulent appliquer à l'esprit humain le déterminisme absolu; car cette application de l'idée du déterminisme n'est qu'une synthèse qui affirme, sans examen suffisant, que les phénomènes de l'esprit sont régis par des lois semblables à celles qui gouvernent la matière. La plupart des grandes erreurs philosophiques proviennent d'écarts qui se produisent sous l'impulsion de la recherche de l'unité, c'est-à-dire d'un déploiement de l'esprit synthétique qui prend

1. *Essais de philosophie*, tome II, p. 199.

son essor sans une base suffisante d'analyse. Ce qui est rare, ce sont les esprits capables d'une synthèse vraie qui fasse la part des éléments réellement distincts de l'univers; mais les esprits témérairement synthétiques sont très et trop communs. Remarquons à ce sujet combien il importe de cultiver l'esprit d'analyse, d'observation attentive et exacte. Il faut en effet un très grand nombre d'observateurs pour poser les bases d'une synthèse solide qu'une seule intelligence suffit à accomplir, de même que dans la construction d'un édifice il faut un très grand nombre d'ouvriers et de manœuvres pour un seul architecte.

SEPTIÈME QUESTION

ÉTAT DE LA QUESTION

« La thèse que vous soutenez est-elle aussi moderne que vous avez l'air de le croire ? L'hypothèse n'a-t-elle pas toujours été indiquée dans les traités de dialectique ? ne se trouve-t-elle pas au fond de l'analyse des anciens géomètres ? ne figure-t-elle pas, avec une terminologie spéciale, dans la méthode de Bacon ? »

Ces demandes m'appellent à revenir sur l'état de la question.

L'hypothèse a toujours été employée dans la science, puisqu'elle est l'élément essentiel de toute découverte. Sa place a été plus ou moins reconnue dans les réflexions faites au sujet du mouvement scientifique ; mais cette place a été méconnue dans la théorie de la méthode, qui est mon objet spécial. L'hypothèse est absolument indispensable ; il semble quelquefois qu'on ne le dit pas parce que cela va sans dire, et qu'on finit par le nier parce qu'on ne l'a pas dit. Examinons avec quelque attention la marche générale de la philosophie moderne, dans son rapport avec cette question spéciale.

A l'aurore du grand mouvement de la pensée qui a produit la science contemporaine, Galilée se rend compte fort nettement de la méthode véritable. Il indique le rôle de l'hypothèse, le principe de la simplicité qui doit en diriger l'emploi, enfin la nécessité de la vérification expérimentale qui seule transforme en vérités scientifiques les conjectures de l'esprit humain. On trouve là le germe complet de la théorie de la méthode, mais le développement de ce germe a été arrêté par la lutte séculaire de l'empirisme et du rationalisme. A la tête de ces deux directions de la pensée marchent Bacon et Descartes, qui, opposés sur presque tout le reste, sont d'accord pour méconnaître l'importance de la spontanéité de la pensée individuelle, et pour attendre de l'emploi des procédés scientifiques qu'ils recommandent la production des découvertes à venir.

1° Bacon.

A l'occasion de Bacon, j'ai reçu une réclamation motivée. Avant d'en indiquer le contenu, je désire citer une opinion émise par mon correspondant à l'appui de ma thèse fondamentale. Mon correspondant est spécialement voué aux études littéraires et philologiques, et sa lettre renferme le passage suivant :

« La méthode à employer pour un déchiffrement est la même que pour la solution d'un problème scientifique. S'agit-il d'un mot inconnu à déterminer? Il faudra en réunir un certain nombre d'exemples, les classer, les examiner avec soin, examiner surtout le contexte : c'est là l'observation qu'il faudra perfectionner toujours, jusqu'au moment où, quelquefois après de longues réflexions, d'autres fois par une sorte d'inspiration soudaine, jaillira l'étincelle de lumière. L'hypothèse, le sens cherché se sont montrés subitement à l'esprit. Ce sens trouvé, il faudra l'essayer dans le plus grand nombre d'exemples possible ; il faudra voir s'il y est bien à sa place et s'il s'harmonise avec le contexte ; c'est la vérification de l'hypothèse par l'expérimentation. Il est évident que, dans le déchiffrement pas plus qu'ailleurs, l'observation n'est suffisante. On pourrait entasser exemples sur exemples et même index sur index ; peine inutile ! L'hypothèse seule jettera sur ces matériaux la clarté dont l'intelligence a besoin. Si l'observation seule pouvait nous mener à la vérité, le résultat acquis serait toujours en proportion du travail consacré à observer ; nous pourrions en quelque sorte calculer d'avance nos découvertes, et nous n'aurions pas de ces jours où nous fermons notre livre avec un sentiment de lassitude qui serait du découragement, si nous ne savions pas par expérience que l'hypothèse est capricieuse et ne se commande pas. »

On ne saurait parler plus judicieusement. Dans toutes les études qui ont un caractère historique, l'observation des faits n'a lieu qu'au moyen du témoignage qui ne nous est transmis, dans l'état actuel de la civilisation, que par des textes écrits. L'authenticité et l'intégrité de ces textes, leur sens et leur valeur sont nécessairement l'objet d'une série d'hypothèses qui se placent entre la pensée et les faits qu'elle cherche à atteindre. Quand on aurait réussi à exclure la supposition du domaine des mathématiques et de la physique, on ne saurait pas même concevoir la pensée de l'exclure des sciences historiques. La thèse que je cherche à établir serait trop facilement victorieuse dans ce domaine pour qu'il vaille la peine d'entreprendre le combat.

La réclamation de mon correspondant porte sur l'injustice dont on se rend coupable aujourd'hui à l'égard de Bacon. Sa pensée à cet égard me paraît juste, en quelque mesure. Après l'admiration plus enthousiaste qu'éclairée que les savants du XVIIIe siècle ont prodiguée à Bacon, la renommée de ce personnage illustre a été l'objet d'une réaction excessive. M. Joseph de Maistre [1], s'armant tour à tour d'une sanglante ironie et d'une indignation généreuse, a frappé sur la mémoire du chancelier d'Angleterre des coups souvent justes, mais presque toujours trop forts. Les appréciations de M. Liebig sont souvent aussi empreintes d'une sévérité exagérée [2]. Les pages de ces deux écrivains ne sont pas des jugements; ce sont des plaidoyers d'avocats, utiles peut-être pour remettre l'opinion publique en équilibre. Bacon a signalé dans l'observation et l'expérience la base indispensable de toute science sérieuse, et il l'a fait avec un incomparable éclat. Il a fort bien compris que la revue générale de l'état de la science, telle qu'il l'a entreprise dans son livre *De dignitate et augmentis scientiarum*, est la première tâche de la philosophie, qui doit avant tout rassembler les données du problème universel. Il a indiqué avec précision

1. *Examen de la philosophie de Bacon*, par le comte Joseph de Maistre. 2 vol. in-8°.

2. *Lord Bacon*, par Justus de Liebig, traduit de l'allemand par Pierre de Tchihatchef. 1 vol. in-12.

le double mouvement de la pensée qui s'élève des faits particuliers aux idées générales pour descendre des idées générales aux faits particuliers. Ce sont là des vues justes et grandes, dont il faut lui tenir compte à décharge de ses nombreuses erreurs. Mais quelle a été son œuvre, sous le rapport spécial de la théorie de la méthode? Mon correspondant me demande : « Les propositions générales, que Bacon a le tort de désigner sous le nom d'axiomes, ne sont-elles pas des hypothèses? Ne déclare-t-il pas lui-même qu'une expérience vague et sans guide n'est qu'un tâtonnement [1] ? Ne parle-t-il pas souvent des anticipations de la pensée qui ne sauraient être que les conjectures de l'esprit humain? Ne multiplie-t-il pas les conseils pour engager les savants à ne pas s'élever trop rapidement aux principes généraux en négligeant les termes moyens nécessaires? Ses recommandations ne se rapportent-elles pas directement aux conditions qui rendent les hypothèses sérieuses? »

Il faut distinguer. La théorie de Bacon suppose partout la nécessité de l'hypothèse, tellement qu'une partie importante de son œuvre consiste à la diriger en formulant des règles pour l'expérience; cela est incontestable. Mais Bacon, lorsqu'il formule la théorie de la méthode, a-t-il reconnu que l'hypothèse est un des facteurs indispensables de la science? A-t-il vu cette vérité capitale, et en a-t-il déduit les conséquences? Non! Il se plaint [2] des esprits trop aventureux qui « ont formulé hardiment des thèses,

1. *De dignitate et augmentis scientiarum*, livre V, chap. II; *Novum organum*, livre I, § 100.
2. *Histoire naturelle expérimentale*, Avertissement.

là où il n'y avait lieu qu'à des hypothèses »; mais c'est là un détail perdu, un germe mort dans l'ensemble de sa pensée. Il croit que les procédés de travail qu'il indique établiront l'égalité des intelligences. Il atténue, presque jusqu'à la nier entièrement, la part individuelle de l'esprit du savant dans les découvertes, c'est-à-dire l'acte du génie qui est le caractère essentiel de tout progrès. « Notre méthode d'invention laisse bien peu d'avantage à la pénétration et à la vigueur des esprits; on peut dire même qu'elle les rend tous presque égaux; car, lorsqu'il est question de tracer une ligne bien droite ou de décrire un cercle parfait, si l'on s'en fie à sa main seule, il faut que cette main-là soit bien sûre et bien exercée, au lieu que si l'on fait usage d'une règle ou d'un compas, alors l'adresse devient tout à fait ou presque inutile; *il en est absolument de même de notre méthode* [1] ». Il reconnaît si peu le principe directeur des hypothèses fécondes, principe qui, après avoir inspiré Kopernik, dirigeait les travaux de Képler, qu'il relègue la recherche de l'ordre et de l'unité au rang des préjugés nuisibles. « L'entendement humain, en vertu de sa constitution naturelle, n'est que trop porté à supposer dans les choses plus d'uniformité, d'ordre et d'égalité qu'il ne s'y en trouve en effet; et, quoiqu'il y ait dans la nature une infinité de choses extrêmement différentes de toutes les autres et uniques en leur espèce, il ne laisse pas d'imaginer un parallélisme, des analogies, des correspondances et des relations qui n'ont aucune réalité [2]. » Il ne s'agit pas ici de retenir dans de justes bornes les élans

1. *Novum organum*, livre I, § 61.
2. *Novum organum*, livre I, § 45.

de la pensée; ces lignes renferment une négation directe de la réalité de l'ordre de la nature, de l'harmonie universelle. Cette maxime mise en pratique aurait été l'arrêt de mort de la science. Le fond de la méthode de Bacon est l'idée que la science entière doit résulter de la considération attentive des phénomènes; et, lorsqu'il parle d'une expérience guidée, il ne pense point à l'action de principes dirigeant les hypothèses, mais à la règle qui veut qu'on n'avance que pas à pas, sans s'éloigner des voies de l'induction seule. Au début du *Novum organum*, il dit : « L'homme, interprète et ministre de la nature, n'étend ses connaissances et son action qu'à mesure qu'il découvre l'ordre naturel des choses, soit par l'observation, soit par la réflexion; il ne sait et ne peut rien de plus. » La réflexion dont il est ici parlé doit s'appliquer aux données de la perception sensible, à l'exclusion de tous les éléments *à priori* de la pensée. Locke entre résolument dans la voie ouverte par Bacon. Il exclut tous les éléments supérieurs de l'intelligence; il compare l'esprit humain à une *table rase* sur laquelle tous les caractères s'écrivent du dehors; mais il maintient toutefois la réflexion comme un acte de l'esprit, distinct de la sensation. Condillac, voulant simplifier Locke, s'efforce d'expliquer la réflexion elle-même par l'action des causes extérieures; il ramène tout l'ensemble de nos idées à la sensation transformée et établit ainsi l'empirisme pur.

2° Descartes et son école.

Dans l'œuvre de Descartes, l'hypothèse joue un rôle fort curieux, et qu'on ne saurait comprendre sans prendre en considération des circonstances historiques. Lorsque Kopernik se décida à publier l'ouvrage dans lequel il affirmait, contrairement à tous les enseignements de son époque, le mouvement de la terre, il mit sa pensée sous le patronage du pape Paul III, dans une préface fort digne, où se trouvent ces lignes : « Pour que ni les habiles ni les ignorants ne pensent que je désire éviter le jugement de qui que ce soit, j'ai préféré, Saint-Père, vous dédier mes opinions plutôt qu'à tout autre, parce que vous êtes très éminent, non seulement par l'élévation de votre dignité, mais aussi par votre amour pour les lettres et les mathématiques, en sorte qu'il vous sera très facile, soit par votre dignité, soit par votre savoir, d'arrêter les calomniateurs, si toutefois on peut oublier le proverbe qu'il n'y a pas de remède contre les morsures des sycophantes. » L'ouvrage de Kopernik ne fut pas édité sous les yeux de l'auteur; l'impression en fut dirigée par Osiandre, à Nuremberg. Ce savant, redoutant le scandale qui pourrait résulter de la nouveauté des pensées de Kopernik, jugea bon de faire précéder le volume de son ami d'une petite préface, non signée, dans laquelle il disait que l'auteur n'avait pas la prétention d'affirmer que son système fût vrai ; qu'il s'agissait seulement d'hypothèses qui peuvent n'être ni vraies ni même vraisemblables, mais qui donnent aux calculs mathématiques une base commode pour rendre compte des apparences du ciel. Kopernik était sur son lit de mort lorsqu'il reçut le volume et ne put que toucher d'une main défaillante le livre qui devait immortaliser son nom.

Descartes avait commencé la rédaction d'un ouvrage [1] dans lequel il exposait sa doctrine et se prononçait en faveur du système de Kopernik, lorsqu'il apprit la condamnation de Galilée. Il interrompit l'œuvre commencée. L'amour de la tranquillité, le désir de ne pas s'attirer des querelles, le portèrent à renoncer pour un temps à la publication de ses pensées. Plus tard, il se décida à mettre au jour son livre des *Principes de la philosophie*. Pour éviter de s'attirer des désagréments de la nature de ceux qui avaient atteint Galilée, il eut recours au procédé d'Osiandre. Il présenta sa doctrine comme n'ayant pas la prétention d'exprimer la réalité des choses ; il s'agissait seulement d'hypothèses qui rendaient compte des apparences et qui pouvaient être utiles à la pratique, sans qu'il en résultât qu'elles fussent vraies. « Je croirai avoir assez fait si les causes que j'ai expliquées sont telles que tous les effets qu'elles peuvent produire se trouvent semblables à ceux que nous voyons dans le monde, sans m'informer si c'est par elles ou par d'autres qu'ils sont produits. Même je crois qu'il est aussi utile pour la vie de connaître des causes ainsi imaginées que si l'on avait la connaissance des vraies ; car la médecine, les mécaniques, et généralement tous les arts à quoi la connaissance de la physique peut servir, n'ont pour fin que d'appliquer tellement quelques corps sensibles les uns aux autres que, par la suite des causes naturelles, quelques effets sensibles soient produits ; ce que l'on pourra faire tout aussi bien en considérant la suite de quelques

1. *Le monde, ou traité de la lumière.*

causes imaginées, quoique fausses, que si elles étaient les vraies, puisque cette suite est supposée semblable en ce qui regarde les effets sensibles [1]. » Dans ce passage curieux et qui n'est pas le seul de son espèce, Descartes semble appliquer à la science de la nature les conceptions que Kant applique à l'ordre moral. Nous ne pouvons rien savoir de la réalité des choses ; il nous est seulement permis d'acquérir des notions suffisantes pour la pratique. Si l'on étudie ce passage au point de vue de la théorie de la méthode, il semble que l'auteur estime que la science doit se faire par des suppositions (le mot revient très souvent sous sa plume) et que pour contrôler ces suppositions il faut en déduire les conséquences et les comparer avec les données de l'observation. Ce serait la méthode vraie ; mais il est facile de s'assurer qu'il s'agit ici d'un artifice de la pensée, et que ce n'est point là la véritable méthode professée et pratiquée par Descartes. Voici, dans le même ouvrage des *Principes*, deux textes significatifs, dans lesquels il retire ses concessions, et qui forment, avec le passage qui vient d'être cité, le même contraste qui s'offre entre la dédicace de Kopernik au pape et la préface d'Osiandre : « J'avoue franchement ici que je ne connais point d'autre matière des choses corporelles que celle qui peut être divisée, figurée et mue en toutes sortes de façons, c'est-à-dire celle que les géomètres nomment la quantité et qu'ils prennent pour l'objet de leurs démonstrations ; et que je ne considère en cette matière que ses divisions, ses figures et

1. *Les principes de la philosophie*, partie IV, § 204.

ses mouvements ; et enfin que touchant cela je ne veux rien recevoir pour vrai, sinon ce qui en sera déduit avec tant d'évidence qu'il pourra tenir lieu d'une démonstration mathématique [1]. » Ailleurs, il distingue la certitude morale, c'est-à-dire celle qui est suffisante pour régler nos mœurs, sans qu'elle puisse avoir un caractère absolu, et une autre certitude dont le caractère est que nous pensons « qu'il n'est aucunement possible que les choses soient autres que nous les jugeons » ; et, en parlant de cette seconde sorte de certitude, il écrit : « Cette certitude s'étend à tout ce qui est démontré dans la mathématique ; car nous voyons clairement qu'il est impossible que 2 et 3 joints ensemble fassent plus ou moins que 5, ou qu'un carré n'ait que trois côtés, et choses semblables. Elle s'étend aussi à la connaissance que nous avons qu'il y a des corps dans le monde, pour les raisons ci-dessus expliquées ; puis ensuite elle s'étend à toutes les choses qui peuvent être démontrées touchant ces corps par les principes de la mathématique ou par d'autres aussi évidents et certains, au nombre desquelles il me semble que celles que j'ai écrites dans ce traité doivent être reçues, au moins les principales et plus générales [2]. » On voit qu'il n'est plus question ici d'hypothèses douteuses qui rendent compte des apparences, mais bien de déductions purement rationnelles qui permettent d'affirmer, non seulement ce qui est, mais ce qui est nécessairement. Le même point de vue qui, dans le livre des *Principes*, se trouve en contradiction avec

1. *Les principes de la philosophie*, partie II, § 64.
2. *Les principes de la philosophie*, partie IV, § 206.

d'autres déclarations du même ouvrage, est clairement indiqué, et cette fois sans passage contraire, dans le traité du *Monde*, rédigé avant que Descartes eût connaissance de la condamnation de Galilée, et qui nous offre par conséquent la pensée de l'auteur dans toute sa pureté. Il affirme que l'on peut connaître les effets par leurs causes et avoir de toutes choses des démonstrations *à priori*. Il va si loin dans ce sens, qu'après avoir établi deux règles fondamentales du mouvement il écrit : « Encore que tout ce que nos sens ont jamais expérimenté dans le vrai monde semblât manifestement être contraire à ce qui est contenu dans ces deux règles, la raison qui me les a enseignées me semble si forte, que je ne laisserais pas de croire être obligé de le supposer [1]. » Nous voici en présence du rationalisme pur et de la méthode de construction. Le plan même du traité du *Monde* met en pleine évidence ce procédé scientifique. Descartes entreprend de construire un monde nouveau par les seules lumières de la raison, assuré d'avance que ce monde imaginaire sera parfaitement semblable au monde réel. Il parle quelquefois de la nécessité de l'expérience, mais il l'admet seulement pour les cas où la déduction *à priori* en descendant des hauteurs de la théorie au détail des choses, voit que les détails peuvent avoir été produits de différentes manières. Il faut recourir alors à quelques expériences pour savoir quelle est entre ces possibilités diverses celle qui a été réalisée.

Toutes les bases de la méthode ont été résumées par

1. Chapitre VII.

Descartes dans un ouvrage de logique qui est demeuré inachevé, *Les règles pour la direction de l'esprit.* L'auteur se propose d'énumérer tous les actes de l'intelligence au moyen desquels nous pouvons atteindre la connaissance des choses, sans aucune crainte d'erreur. Il n'en reconnaît que deux, l'intuition et la déduction. L'intuition est la vue immédiate de la pensée et de ses éléments constitutifs ; la déduction est l'opération par laquelle nous atteignons toutes les vérités qui sont la conséquence nécessaire des données de l'intuition. C'est la logique de la mathématique qui est pour Descartes le type de la science universelle. Après avoir développé sa pensée, il écrit : « Voilà les deux voies les plus sûres pour arriver à la science ; l'esprit ne doit pas en admettre davantage ; toutes les autres au contraire doivent être rejetées comme suspectes et sujettes à l'erreur [1]. » Une dernière citation complétera ces renseignements. Descartes dit, en parlant de ses théories, à la fin du *Discours de la méthode :* « Je ne les ai nommées des suppositions qu'afin qu'on sache que je pense les pouvoir déduire de ces premières vérités que j'ai ci-dessus expliquées ; mais que j'ai voulu expressément ne pas le faire, pour empêcher que certains esprits qui s'imaginent qu'ils savent en un jour tout ce qu'un autre a pensé en vingt années, sitôt qu'il leur en a seulement dit deux ou trois mots, et qui sont d'autant plus sujets à faillir et moins capables de la vérité qu'ils sont plus pénétrants et plus vifs, ne puissent de là prendre occasion de bâtir quelque philo-

1. *Règles pour la direction de l'esprit*, règle III.

sophie extravagante sur ce qu'ils croiront être mes principes et qu'on m'en attribue la faute. » En réalité, ces théories étaient des hypothèses, et c'est avec raison que Newton et les newtoniens ont désigné sous ce titre les doctrines cartésiennes qu'ils ont rejetées ; mais, pour Descartes lui-même, l'hypothèse était, il le déclare expressément, un voile sous lequel il cachait sa méthode véritable, et sa méthode était la déduction *à priori*, à partir des principes rationnels.

Descartes a été le grand destructeur de la scolastique ; il a rejeté avec raison dans l'étude de la nature l'autorité d'Aristote et l'autorité des théologiens; mais sa méthode, envisagée d'une manière générale et abstraction faite du point de départ, est la même que celle des hommes qu'il a combattus. Comme eux, il établit sa doctrine en dehors de l'observation et de l'expérience. Seulement, au lieu de prendre pour bases de ses déductions les textes d'Aristote ou les décrets des théologiens, il prend un certain nombre de principes abstraits qu'il considère comme le patrimoine de l'esprit humain. Cette méthode s'est développée dans son école, et à la *table rase* de Locke, s'est opposée la *monade* de Leibnitz. La monade intelligente développe sa pensée par une virtualité propre et indépendamment de toutes les données de l'expérience ; mais, en vertu de l'harmonie préétablie, le développement purement spontané de la monade se trouve représenter fidèlement les réalités extérieures. C'est ici l'apogée de la méthode *à priori;* l'élément expérimental de la connaissance se trouve absolument supprimé, et il n'y a plus aucun moyen d'établir la différence des vérités nécessaires et des vérités contingentes. Telle est la conséquence métaphysique de la méthode *à priori*, conséquence que Spinoza a mise en lumière dans son affirmation que le monde dans la totalité de ses manifestations procède nécessairement de son principe, de même que toutes les propriétés du triangle sont le résultat nécessaire de son essence.

Le XVIIe siècle scientifique, qui renferme le commencement du XVIIIe siècle de la chronologie ordinaire, appartient à Descartes; la place de l'hypothèse dans la théorie de la méthode y est généralement supprimée. Je rencontre ici la remarque de l'un de mes correspondants qui, après avoir donné son adhésion à mes thèses générales, les confirme par le résultat de sa propre expérience, en disant que « souvent il s'est plaint de passer près du gibier sans le voir », puis me demande si Pascal n'a pas fait très explicitement la place de l'hypothèse lorsqu'il a écrit : « On peut avoir trois principaux objets dans l'étude de la vérité : l'un, de la découvrir quand on la cherche; l'autre, de la démontrer quand on la possède; le dernier, de la discerner d'avec le faux quand on l'examine. Je ne parle point du premier; je traite particulièrement du second, et il renferme le troisième [1]. » Ces lignes indiquent nettement que les moyens de découvrir la vérité doivent être l'objet d'une étude spéciale. Il est regrettable qu'un esprit de la trempe de Pascal ne s'en soit pas occupé; mais le fait est qu'il ne s'en est pas occupé, du moins à notre connaissance. Si l'on ouvre la *Logique* de Port-Royal, sur la composition de laquelle l'influence de Pascal n'a pas été nulle, on

1. De l'esprit géométrique dans les *Pensées*, édition Faugère, tome I, p. 123.

y trouve un chapitre intitulé : *La méthode des sciences réduite à huit règles principales* [1]. Or, de ces huit règles, deux concernent les définitions, deux les axiomes, deux les démonstrations, c'est-à-dire, en somme, les procédés déductifs de la pensée. Les deux dernières concernent la méthode, et les voici :

7. « Traiter les choses, autant qu'il se peut, dans leur ordre naturel, en commençant par les plus générales et les plus simples, et expliquant tout ce qui appartient à la nature du genre, avant de passer aux espèces particulières. »

8. « Diviser, autant qu'il se peut, chaque genre en toutes ses espèces, chaque tout en toutes ses parties, et chaque difficulté en tous ses cas. »

On voit que dans ces deux règles l'hypothèse ne figure en aucune façon.

Leibniz a souvent combattu les cartésiens, dont la pensée était plus étroite que celle de leur maître, ce qui arrive assez souvent chez les disciples. Il appartient toutefois d'une manière générale, et très spécialement sous le rapport de la méthode, à l'école dont Descartes a été chez les modernes le représentant le plus illustre. Sa doctrine des monades conduit, comme nous venons de le voir, au procédé de construction, et ce procédé est bien celui qu'il considère comme légitime. On trouve dans ses œuvres dix maximes relatives à l'art d'inventer. Si la place de l'hypothèse doit être marquée quelque part, c'est assurément là. Or ces règles prescrivent de parvenir par

1. Partie IV, chap. XI.

l'analyse aux éléments simples qui peuvent devenir des principes de synthèse. Voici la dixième, qui résume les neuf précédentes : « Ayant le catalogue des pensées simples, on sera en état de recommencer *à priori*, et d'expliquer l'origine des choses, prise de leur source d'un ordre parfait et d'une combinaison ou synthèse absolument achevée. Et c'est tout ce que peut faire notre âme, dans l'état où elle est présentement [1]. » Voilà l'expression la plus complète de la méthode *à priori*. Je pense donc pouvoir maintenir, malgré la parole de Pascal, ou à cause de la parole de Pascal, qui pouvait avoir le sentiment d'une lacune qui n'a pas été comblée à son époque, que le XVIIe siècle, interrogé dans ses représentants les plus illustres, a méconnu la part de la spontanéité individuelle de la pensée dans la construction de la science.

3° Le XVIIIe siècle.

Les philosophes du XVIIIe siècle abandonnent Descartes et confondent dans la même réprobation les parties impérissables de son œuvre et les erreurs contenues dans son système du monde. Les découvertes de Newton produisent dans les intelligences un véritable éblouissement, et l'empirisme de Locke passe le détroit, envahit la France et par la France l'Europe. Ces deux hommes de valeur très inégale, Locke et Newton, sont entourés de l'auréole d'une même gloire. L'hypothèse est proscrite, pour laisser la place à l'induction seule, et Bacon est proclamé le vrai restaurateur des sciences et le prince de la méthode. Cette

1. *De la sagesse*, édition Erdmann, p. 674.

direction de la pensée fut très générale, sans être toutefois universelle. On doit noter des exceptions. Turgot, par exemple, a écrit les lignes que voici : « Toutes les fois qu'il s'agit de trouver la cause d'un effet, ce n'est que par voie d'hypothèse qu'on peut y parvenir, lorsque l'effet seul est connu. On remonte, comme on peut, de l'effet à la cause, pour tâcher de conclure à ce qui est hors de nous. Or, pour deviner la cause d'un effet, quand nos idées ne nous la présentent pas, il faut en imaginer une; il faut vérifier plusieurs hypothèses et les essayer. Mais comment les vérifier? C'est en développant les conséquences de chaque hypothèse et en les comparant aux faits. Si tous les faits qu'on prédit en conséquence de l'hypothèse se retrouvent dans la nature précisément tels que l'hypothèse doit les faire attendre, cette conformité, qui ne peut être l'effet du hasard, en devient la vérification, de la manière qu'on reconnaît le cachet qui a formé une empreinte en voyant que tous les traits de celle-ci s'insèrent dans ceux du cachet [1]. »

Le Sage avait entrepris un travail sur l'hypothèse qu'il destinait à l'*Encyclopédie* et dont le but est indiqué dans les lignes suivantes : « L'hypothèse peut être considérée, ou comme un moyen de recherche, ou comme un moyen de preuve. Et, quelque désavantageuse que soit l'opinion qu'on pourrait s'en être formée, à ce dernier égard, on conviendra au moins qu'il serait utile d'examiner si elle est utile au premier, c'est-à-dire si elle peut conduire quelquefois à la vérité, ou s'il faut entièrement l'exclure de toute recherche philosophique. C'est surtout à cette dis-

1. Cité dans les *Extraits des grands philosophes* de Fouillée, p. 333.

cussion que nous destinons cet article [1]. » Le résultat de l'étude entreprise est exposé d'une manière très précise dans les termes que voici :

« Les détracteurs de la méthode d'*hypothèse* ne vous permettent de conjectures que celles *qui naissent naturellement et immédiatement de l'expérience*. C'est là de ces décisions échappées à de grands hommes, qui avaient peut-être dans l'esprit un sens moins vague que celui qu'ils ont exprimé, mais que l'on répète superstitieusement après eux, sans y attacher aucune idée précise. Quelle conséquence immédiate peut-on tirer de l'observation d'un fait? L'existence de ce fait et rien au delà. Et, si l'on veut en conclure quelque chose touchant la nature de sa cause, il faut absolument le faire servir de *mineure* à un argument dont la *majeure* sera une proposition spéculative : hypothétique par exemple.

« Veut-on dire simplement qu'il faut consulter les phénomènes, avant d'en chercher les explications ? Mais n'est-ce pas ce que font déjà presque tous ceux qui donnent au public les *hypothèses* même les plus hasardées ? Si la conséquence est précipitée, à quoi sert qu'elle soit immédiate ? Et si elle est rigoureuse, qu'importe qu'elle soit médiate, et même aussi éloignée des phénomènes que les dernières propositions d'Euclide le sont de ses principes [2] ? »

Le travail de Le Sage ne fut pas adressé aux rédacteurs de l'*Encyclopédie*, ou ne fut pas agréé par eux. C'était un

1. Mémoire sur la méthode d'hypothèse insérée à la fin des *Essais de philosophie* de P. Prévost, tome II, p. 259.
2. *Mémoire sur la méthode d'hypothèse*, page 275.

mémoire de plus de trente pages, divisé en quarante-deux articles, et par conséquent un travail d'une certaine importance, qui aurait fait à la question sa place légitime. L'article Hypothèse, contenu dans le tome VIII de l'*Encyclopédie*, publié en 1765, est très court (une colonne et demie) et plein de bon sens ; il n'est pas signé. L'auteur, Diderot probablement, déclare l'emploi de l'hypothèse légitime, dans les cas où les questions ne sont accessibles ni à l'expérience ni à la démonstration. C'est faire une place secondaire au facteur essentiel de toutes les découvertes, et c'est admettre qu'une partie notable de la science peut se construire sans ce secours ; mais réclamer pour l'hypothèse une place, même secondaire, c'était déjà, à l'époque où parut l'article, une tentative de réaction contre l'opinion dominante. L'auteur en a le sentiment. « Il y a, dit-il, deux excès à éviter au sujet de l'hypothèse : celui de l'estimer trop et celui de la proscrire entièrement. » Il accuse les newtoniens de se livrer au second excès, d'avoir tâché de rendre l'hypothèse suspecte et ridicule en l'appelant « le poison de la raison et la peste de la philosophie ». Il observe très justement qu'en agissant ainsi ils prononcent leur propre condamnation, puisque le principe fondamental de leur théorie n'est autre chose qu'une hypothèse justifiée. L'article était court et fut probablement peu remarqué. Les newtoniens obtinrent un triomphe complet dans l'opinion publique : l'hypothèse fut absolument discréditée. L'expression de ce triomphe se trouve en particulier dans les œuvres de Reid : « De toutes les découvertes anatomiques et physiologiques, pas une n'est due à une conjecture. Des observations exactes ont seules dévoilé ces innombrables artifices de la nature, que nous admirons comme parfaitement adaptés à la fin qu'elle se propose; mais, avant qu'ils fussent découverts, aucun physiologiste ne s'en était avisé. Et, en revanche, des nombreuses conjectures formées, dans les différents siècles, sur la structure du corps humain, il n'en est aucune que l'observation ait confirmée; elle les a toutes démenties. On peut en dire autant de toutes les parties de la création, que l'esprit humain a étudiées avec quelque succès. Partout les découvertes ont été le fruit d'une observation patiente, d'un grand nombre d'expériences exactes et des conséquences légitimes qui en ont été déduites; toujours elles ont démenti, jamais elles n'ont justifié les théories et les hypothèses que des esprits subtils avaient imaginées..... Le monde a été si longtemps égaré par les hypothèses, qu'il est de la dernière importance, pour quiconque entreprend de faire quelques progrès dans la science, de les traiter avec le mépris que peut mériter la vaine et chimérique prétention de pénétrer dans les mystères de la nature par la seule force de l'esprit humain [1]. » Reid s'est acquis, par ses recherches prudentes et sagaces sur l'esprit humain, la réputation d'un philosophe judicieux; mais il n'a pas fait preuve de cette qualité lorsqu'il a tracé les lignes qui précèdent. Il confond la thèse juste que les conjectures n'ont de valeur que lorsqu'elles reposent sur une base d'observations, avec la proscription de la conjecture, cette forme première, absolument nécessaire de toute découverte scientifique. Quant

1. *Essais sur les facultés de l'esprit humain.* Essai I, chap. III.

à son affirmation que nulle conjecture n'a été confirmée, c'est le dementi le plus incroyable qu'il soit possible de donner à l'histoire entière de la science.

4° Réaction contre les tendances du XVIIIe siècle.

Le passage de Reid qu'on vient de lire marque le point extrême du mouvement de l'opinion en faveur de l'empirisme. A dater de ce moment, une réaction efficace commence à se manifester : Dugald-Stewart déjà corrige son maître. On lit dans sa *Philosophie de l'esprit humain* : « Quelques-uns des disciples de Bacon ont, je crois, été entraînés par leur zèle pour la méthode d'induction à censurer avec trop de sévérité les théories hypothétiques [1]. » Suivent quelques remarques justes ; mais ces remarques figurent comme une simple digression dans un chapitre sur la mémoire. Lorsqu'il traite directement de la méthode, Dugald-Stewart pose les bases du positivisme avec un degré de précision qu'Auguste Comte n'a pas surpassé [2].

La réaction dont nous venons de rencontrer une faible trace chez un philosophe se manifeste avec plus d'énergie chez les savants qui cherchent à se rendre compte des procédés de leur travail. L'exemple de Carnot sous ce rapport est digne d'être remarqué. C'est en 1785 que Reid publiait sa condamnation absolue de l'hypothèse et osait écrire que pas une découverte n'était due à une conjecture. En 1783, Carnot publia un *Essai sur les machines*

1. Chapitre VII, section 7.
2. Voir ses *Esquisses de philosophie morale*, § 3, 4 et 5.

en général. Cet ouvrage, remanié dans une seconde édition, a paru, en 1803, sous le titre de *Principes fondamentaux de l'équilibre et du mouvement.* Carnot veut laisser de côté l'idée abstraite des forces, pour ramener toute la mécanique à la seule théorie de la communication des mouvements. Ceci est digne de remarque et place Carnot au nombre des hommes qui ont eu l'intuition la plus vive de la direction de la physique moderne ; mais ce n'est pas là mon objet actuel. Il débute, selon l'usage du temps, par énoncer la théorie sensualiste ; il considère l'affirmation que toutes nos idées viennent des sens comme incontestée et incontestable, mais ce n'est là qu'une thèse philosophique répétée sur la foi des maîtres. Après l'écolier trop docile de Condillac, le savant prend la parole et exprime ainsi la règle fondamentale de la méthode : « Nous établissons d'abord certaines hypothèses, d'après lesquelles nous supposons que s'opère en effet la communication des mouvements ; nous comparons ensuite les conséquences qui en résultent avec les phénomènes, et, si nous trouvons qu'ils s'accordent, nous concluons que nous pouvons considérer ces hypothèses comme les véritables lois de la nature [1]. » Suivent sept hypothèses, dont la première est la loi d'inertie, et qui sont, aux yeux de Carnot, les principes de toute la mécanique. Donner explicitement le nom d'hypothèses aux lois fondamentales du mouvement, c'était assurément la réaction la plus nette qu'il soit possible d'imaginer contre l'opinion régnante telle que Reid l'a formulée.

Ampère émet des vues semblables à celles de Carnot. Il

1. *Principes fondamentaux de l'équilibre et du mouvement,* p. 48.

avait reconnu que, au delà des intuitions immédiates, les vérités accessibles à l'esprit humain ne sont et ne peuvent être que des hypothèses démontrées. En conséquence, « il avait un grand respect pour l'hypothèse », qu'il avait pratiquée avec tant de succès et dont il aimait à exposer les conditions [1].

Liebig a abordé le sujet qui nous occupe, soit dans deux écrits spéciaux [2], soit dans son écrit sur Bacon. La terminologie laisse quelque chose à désirer, parce que l'hypothèse se trouve désignée sous les termes d'imagination et d'induction; mais le fond des idées de l'auteur est fort clair : « La pensée doit nécessairement et dans tous les cas précéder l'expérience, si l'on veut que celle-ci ait une signification quelconque. Une investigation empirique de la nature, dans le sens ordinaire du mot, n'existe pas du tout. Une expérience qui ne se rattache pas d'avance à une théorie, c'est-à-dire à une idée, ressemble tout autant à une véritable investigation que le bruit d'une crécelle d'enfant ressemble à la musique [3]. »

J'ai déjà eu l'occasion d'invoquer, en faveur des thèses que je défends, l'autorité de M. Chevreul. Aux citations déjà faites de son écrit sur la méthode, il ne sera pas superflu de joindre celle-ci : « En admettant l'influence de l'observation et de la raison, nous ne repoussons pas celle de certaines idées qui apparaissent si soudainement qu'elles semblent spontanées quand on en recherche l'ori-

1. *Philosophie des deux Ampère*, p. 135 et 155.

2. *Le développement des idées dans les sciences naturelles. — Induction et déduction dans les sciences.* — Ces deux écrits, réunis dans la même brochure, ont été publiés en français par la librairie Germer Baillière, en 1867.

3. *Lord Bacon*, par Justus de Liebig, p. 113 et 114.

gine ; et cependant elles jettent tout à coup une vive lumière sur un sujet auquel on avait longtemps pensé... Nous pourrions citer de nombreux exemples de véritables découvertes faites avant que la pensée de leurs auteurs ait eu le temps d'en saisir la connexion avec des notions antérieures... Le savant auquel elles ont apparu doit, avant de les donner au public, les avoir soumises au raisonnement, au contrôle de l'observation et, s'il est possible, à celui de l'expérience, afin de les revêtir du caractère scientifique qui seul leur imprime le titre de véritables découvertes [1]. » Nécessité de l'observation préalable, spontanéité de la pensée individuelle dans l'hypothèse, contrôle au moyen de l'observation subséquente et de l'expérience : voilà tous les éléments de la méthode véritable parfaitement indiqués.

M. Joseph Bertrand expose, à l'occasion de Képler, l'origine nécessairement hypothétique des théories astronomiques et signale, d'une manière générale, l'œuvre du génie qui consiste à deviner les principes qui concilient la réalité uniforme et simple avec les apparences complexes et variables [2].

M. Claude Bernard, semant ses écrits de physiologie de vues philosophiques sur les conditions de la science, a donné les membres épars d'une bonne logique de l'hypothèse. Il nous enseigne qu'aucune expérience n'est féconde sans une idée préconçue ; qu'une théorie n'est jamais qu'une hypothèse confirmée ; que la véritable méthode est la vérification expérimentale des hypothèses ;

1. *Lettres à M. Villemain*, p. 252 et 253.
2. *Les fondateurs de l'astronomie moderne*, p. 111 à 115 de la 3e édition.

qu'une idée nouvelle est toujours spontanée, individuelle, et manifeste la puissance créatrice de la pensée ; que l'invention est le facteur essentiel de l'évolution des sciences, mais que les pensées nouvelles sont comme des graines : il ne suffit pas de les semer, il faut encore les nourrir et les développer par la culture. Les idées de cet ordre reparaissent au moins onze fois dans l'*Introduction à l'étude de la médecine expérimentale* [1] et reparaissent plus d'une fois aussi dans le *Rapport sur les progrès et la marche de la physiologie* [2]. A voir l'auteur insister de la sorte sur des considérations qui ne sont pas l'objet direct de son travail, on sent bien qu'il veut établir le droit de vérités méconnues, et réagir contre l'empirisme et contre les éloges fanatiques accordés à Bacon. Ce ne serait donc que dans un accès de mauvaise humeur contre les conjectures sans fondement sérieux que Claude Bernard aurait pu dire : « A quoi bon parler des hypothèses? Si elles sont bonnes, elles font trouver des faits nouveaux, et ce sont ces faits qu'il y a lieu de publier. Si elles sont mauvaises, c'est encombrer la science que d'en parler [3]. » Puisque les bonnes hypothèses font trouver des faits nouveaux, il est très utile d'en parler, pour diriger vers ces faits la recherche des savants en général, et non pas seulement celle de l'auteur de la bonne hypothèse.

Tel est l'imposant ensemble de témoignages en faveur de ma thèse recueillis dans les écrits de savants spéciaux.

1. Pages 42 à 44, 46, 49, 56 à 62, 81, 90, 290, 299, 384 à 385, 396.
2. Voir en particulier la p. 8.
3. Ces paroles sont attribuées à Claude Bernard dans la *Revue scientifique* du 10 août 1878, p. 140.

Une vue juste de la méthode commence aussi à s'introduire dans les écrits philosophiques.

Buchez a posé le problème de la méthode d'invention. Il indique les conditions des découvertes, les deux opérations de l'intelligence qui les produisent, savoir la conception de l'hypothèse et sa vérification, et il étudie en particulier le mode de vérification [1]. En comparant ses vues avec les règles de l'invention données par Leibnitz, il est facile d'apprécier la différence.

Bordas-Demoulin, à l'occasion de la parole connue de Newton : *Hypotheses non fingo*, s'exprime en ces termes : « Le propre du génie, c'est de découvrir, et il ne découvre rien d'essentiel dans la nature qui ne soit le fruit de l'hypothèse, ni dans aucune science qui ne soit le fruit du génie hypothétique. L'hypothèse, j'entends celle qui porte dans son sein de puissantes vérités, n'est que l'élancement du génie vers les principes [2]. »

M. Renouvier, dans son *Deuxième essai de critique générale* [3], développe la pensée que l'hypothèse a nécessairement sa place dans la méthode du physicien.

M. Tiberghien, dans sa *Logique* [4], constate que l'hypothèse est la forme transitoire des vérités scientifiques ; il indique les conditions qui rendent les conjonctures admissibles.

M. Whewell a consacré à l'hypothèse deux sections fort instructives de son *Novum organum renovatum*. Les

1. Voir Rattier, *Manuel élémentaire de philosophie*, p. 341 et suivantes.
2. *Le cartésianisme*, II, 351.
3. Pages 511 et suivantes.
4. Tome II, p. 452.

vues de cet écrivain, exposées en ce lieu spécial, trouvent leur ample confirmation dans l'ensemble de ses travaux, dont la traduction en langue française serait une œuvre fort opportune.

M. F. de Rougemont enseignait à Neuchâtel, dès 1847, qu'on ne peut rendre compte de la production de la science qu'en constatant, à côté de la déduction et de l'induction, le procédé spécial de la découverte, soit l'hypothèse, qu'il désignait par le néologisme de *conduction* [1].

Le progrès a passé des ouvrages proprement scientifiques aux manuels d'enseignement et aux dictionnaires. Le *Traité de logique* destiné par M. Duval Jouve aux établissements d'instruction secondaire [2] fait beaucoup mieux la place de l'hypothèse que la plupart des traités antérieurs de même nature. La même remarque s'applique au *Précis d'un cours complet de philosophie élémentaire* de M. Pellissier [3]. Dans les dictionnaires, la progression croissante de la lumière est manifeste, bien qu'elle soit loin d'être arrivée encore à son terme légitime. Il parut, en 1751, à peu près en même temps que le premier volume de l'*Encyclopédie*, un *Dictionnaire philosophique ou introduction à la connaissance de l'homme* [4], dont l'auteur a gardé l'anonyme. La troisième édition a paru en 1762, et, bien qu'elle soit revue et considérablement augmentée, l'hypothèse n'y figure en aucune manière. Elle a obtenu une place dans le diction-

1. Voir l'ouvrage de philosophie de l'histoire, intitulé *Les deux cités*, publié par M. de Rougemont en 1874, Préface, p. 10, et tome II, p. 267. L'enseignement de 1847 était un cours demeuré inédit.

2. Paris, 1844.

3. 4e édition, 1870.

4. Un volume, in-12.

naire philosophique de Krug (en allemand), dont le cinquième et dernier volume a paru en 1838 ; mais l'auteur, dans un article assez court, ne la mentionne guère que pour l'exclure. Il n'en est pas de même du *Dictionnaire des sciences philosophiques* publié, de 1844 à 1851, sous la laborieuse direction de M. Franck. L'hypothèse y a obtenu un article de deux pages environ. On y lit : « L'hypothèse ne doit pas être rejetée d'une manière absolue du domaine de la science ; il faut un commencement dans toutes les recherches, et ce commencement est presque toujours une tentative imparfaite et sans succès. La vérité est comme un pays inconnu dont on ne peut trouver la bonne route qu'après avoir essayé de toutes les autres..... Les anciens accueillaient trop favorablement et trop facilement les hypothèses ;..... les modernes ont eu beau les proscrire en principe ; il leur a été impossible de les éviter..... C'est par des hypothèses que Kopernik, Képler, Huyghens, Descartes, Leibniz, Newton, Cuvier, Champollion ont signalé leur génie et fait marcher la science. » Il y a dans ces lignes une réclamation analogue à celle de Diderot, juste, mais insuffisante. La nécessité de faire une place à l'hypothèse dans la théorie de la méthode est indiquée plutôt que cette place n'est faite.

Il y a donc dans la pensée contemporaine une réaction prononcée contre l'exclusion de l'hypothèse ; mais le mouvement n'est point encore parvenu à son terme, et n'a pas produit toutes ses conséquences. Pour bien entendre la situation des choses sous ce rapport, il est indispensable de prendre en considération les remarques suivantes.

Il y a une grande différence entre le fait de parler incidemment de l'emploi de l'hypothèse, ce qui est presque impossible à éviter lorsqu'on traite de la marche des sciences, et le fait de marquer sa place dans la théorie de la méthode. Locke, par exemple, dira très bien : « Quiconque veut éviter de se tromper soi-même doit établir son hypothèse sur un point de fait et en démontrer la vérité par des expériences sensibles, et non pas se prévenir sur un point de fait en faveur de son hypothèse [1]. » Il reconnaîtra ailleurs que « nous pouvons nous servir de quelque hypothèse probable pour expliquer les phénomènes de la nature » [2]; mais ce sont là des semences mortes dans l'ensemble de son œuvre. Les ouvrages de Condillac présentent un fait plus significatif encore. Il consacre à l'hypothèse un chapitre de son *Traité des systèmes*, et il écrit :

« On peut tirer différents avantages des hypothèses, suivant la différence des cas où l'on en fait usage.

« Premièrement, elles sont non seulement utiles, elles sont même nécessaires, quand on peut épuiser toutes les suppositions et qu'on a une règle pour reconnaître la bonne. Les mathématiques en fournissent des exemples.

« En second lieu, on ne saurait se passer de leur secours en astronomie ; mais l'usage en doit être borné à rendre raison des révolutions apparentes des astres. Ainsi elles commencent à être moins avantageuses en astronomie qu'en mathématiques.

1. *Essai philosophique concernant l'entendement humain*, livre II, chap. I. § 10.
2. *Idem*, livre IV, chap. XII, § 13.

« En troisième lieu, on ne les doit pas rejeter quand elles peuvent faciliter les observations, ou rendre plus sensibles des vérités attestées par l'expérience. Telles sont plusieurs hypothèses de physique[1]. » Voilà, semble-t-il, un homme résolument engagé dans la voie de la vérité et fort éloigné des excès que Diderot reprochait aux newtoniens. Mais voyez les indications générales de Condillac sur la nature de la science ! Je ne parle pas même de sa théorie de la sensation transformée, qui, si elle est poussée à ses dernières conséquences, exclut également et les données de la raison et la spontanéité individuelle de la pensée. Au commencement de ce même *Traité des systèmes*, où figurent les lignes citées plus haut, l'auteur distingue trois sortes de principes : les principes abstraits ou *à priori*, les principes supposés, et les principes qui ne sont que des faits bien constatés, c'est-à-dire des généralisations immédiates de l'expérience, et il ajoute : « C'est sur les principes de cette dernière espèce que sont fondés les vrais systèmes, ceux qui mériteraient seuls d'en porter le nom, car ce n'est que par le moyen de ces principes que nous pouvons rendre raison des choses. » Il rejette formellement l'idée que l'explication des phénomènes prouve la vérité d'une supposition, c'est-à-dire qu'il ne parle de la véritable méthode que pour l'exclure. Le chapitre sur l'hypothèse est un aveu que l'évidence des faits lui arrache, comme à son insu, et dont il oublie et nie formellement les conséquences lorsqu'il traite directement de l'origine de notre savoir.

Leibnitz dit en passant, à l'occasion d'une des pensées

1. *Traité des systèmes*, chap. XII à la fin.

de Locke que je signalais tout à l'heure : « Souvent une conjecture ingénieuse abrège beaucoup le chemin[1]. » Il admet donc que la conjecture peut être employée comme un moyen accessoire, et que la science connaît d'autres chemins. La place de l'hypothèse, très incomplètement faite, est pourtant faite en quelque mesure dans ce passage, mais elle disparaît absolument dans l'esprit général du système, tellement que l'auteur, comme nous l'avons vu, la passe entièrement sous silence quand il traite directement la question de l'art d'inventer.

Le même phénomène se produit chez les écrivains de nos jours. Stuart Mill, par exemple, reconnaît que les vérités générales font leur première apparition sous la forme d'hypothèses, que c'est là leur état initial obligé ; il reconnaît que « la méthode de toutes les sciences déductives est hypothétique[2] ; mais cette vue n'exerce pas son influence légitime sur sa conception générale de l'origine de nos idées et de la méthode. L'effort de sa pensée tend à ramener l'hypothèse à une sorte d'induction anticipée. La vérité qu'il a vue distinctement se voile parfois à son regard, au point qu'il affirme que la théorie de la nébuleuse de Laplace ne renferme « à proprement parler, rien d'hypothétique[3]. »

Le Père Gratry, dans sa *Logique*, signale, au nombre des facteurs de la science, « le tact, le génie, la divination[4] ; » mais, tout occupé comme il l'est à expliquer la

1. *Nouveaux essais sur l'entendement humain*, livre IV, chap. 12, § 13.
2. *Système de logique*, tome I, p. 297 et 544 de la traduction française.
3. *Le Système de logique*, tome II, p. 7 et 26.
4. Tome I, p. XCVIII, de la deuxième édition.

nature de l'induction et des opérations transcendantes de la pensée, il ne fait pas la place de ce génie, de cette divination, dont, en passant, il a signalé l'existence.

Ce qu'on méconnaît surtout, et très généralement, c'est la présence *continuelle* de l'acte de supposer dans tout le travail de la pensée. L'opinion la plus communément énoncée par les auteurs qui ne méconnaissent pas la place de l'hypothèse est celle qu'exprimait déjà S'Gravesande : c'est qu'on a recours à l'hypothèse « lorsqu'on ne trouve pas de route qui mène directement à la certitude » [1]. Un de mes correspondants, qui m'a été fort utile par l'importance et l'étendue de ses communications, pense qu'il existe des vérités scientifiques établies au moyen de l'induction seule, dont il fait une première méthode ; d'autres, par la réunion de l'induction et de la déduction, sans mélange aucun d'hypothèse, ce dont il fait une seconde méthode ; d'autres enfin, par l'intervention d'une donnée hypothétique entre la déduction et l'induction, ce qu'il considère comme une troisième méthode. La construction de la science s'offre à lui sous l'image d'un bâtiment à plusieurs étages : l'induction seule est le rez-de-chaussée ; au-dessus se trouve l'induction réunie à la déduction, ce qui forme le premier étage, et l'on ne monte au deuxième, qui renferme les données hypothétiques, que quand on n'a pas trouvé des ressources suffisantes dans le rez-de-chaussée et le premier étage. L'un des vétérans de la science contemporaine, M. d'Omalius, demande que l'hypothèse « ne soit pas *totalement* exclue de la science [2] ». M. Liebig

1. *Introduction à la Philosophie*, livre II, partie III, chap. XXXIV.
2. *Revue scientifique* du 31 janvier 1874.

écrit : « L'idée d'une vérité, l'opinion qu'on a sur un phénomène ou une cause, précèdent *ordinairement* la démonstration [1]. » On lit dans les œuvres de M. Cournot : « La *plupart* des vérités importantes ont été d'abord entrevues à l'aide de ce sens philosophique qui devance la preuve rigoureuse [2]. » Je n'admets pas que la pensée scientifique fasse un seul pas au delà de la simple observation des faits, sans que la faculté de supposer entre en exercice. Dans le texte de M. d'Omalius, j'efface le mot « totalement » ; dans le texte de M. Liebig, j'efface le mot « ordinairement » ; dans le texte de M. Cournot, j'efface « la plupart », et je pose en thèse que *la spontanéité de l'esprit individuel, manifestée par des hypothèses que suggère l'observation et que développe le raisonnement, est un des facteurs toujours présents de la science.* Je n'ai pas la prétention d'émettre une vérité nouvelle ; mais je réclame une place nouvelle pour la vérité. Pour que mon but soit atteint, il faudrait que dans nos logiques l'hypothèse obtînt, au chapitre de la méthode, un rang égal à celui de l'analyse et de la synthèse. Il faudrait que nos psychologies signalassent explicitement l'acte propre du génie dans l'invention, et la nature personnelle de cette faculté. Il faudrait que, dans les traités relatifs à l'origine des idées, on fît la part de la spontanéité individuelle et créatrice de la pensée, et qu'on remarquât le caractère essentiellement actif de cette spontanéité, par opposition aux perceptions de l'expérience et aux données de la raison, à l'égard desquelles l'esprit

1. *Le développement des idées dans les sciences naturelles*, p. 37.
2. *Essai sur les fondements de nos connaissances*, tome II, § 247.

individuel est relativement passif. Il faudrait enfin que l'on constatât que toutes les sciences ont la même méthode : observer, supposer, vérifier, et que les variétés de cette méthode unique proviennent de la différence des procédés d'observation et de vérification, l'acte de la supposition en lui-même ayant toujours, au point de vue logique, le même caractère.

HUITIÈME QUESTION

IMPORTANCE DE LA QUESTION

On m'a demandé, à la suite d'une des expositions orales de ma pensée : « Pourquoi prenez-vous la peine de nous dire des choses si claires? » Ces brèves paroles renfermaient une adhésion complète à mes vues et un doute sur l'importance de la question. La réponse à ce doute fera le dernier objet de mon étude.

1° Considérations générales.

La pensée personnelle ne peut rien construire de solide sans les conditions de la science; mais la science ne naît pas de ses conditions : elle résulte de l'œuvre du génie, et le génie est toujours personnel. La logique de l'hypothèse met ainsi en évidence la valeur de l'individualité. Il n'est pas nécessaire d'insister pour faire sentir l'importance psychologique de cette pensée.

S'il existe vraiment une seule méthode qui, avec les diversités qui naissent du mode de vérification des hypothèses, est la même pour toutes les sciences et pour la philosophie, la vue de cette vérité contribuera à mettre un terme à la séparation nuisible des philosophes et des savants, séparation qui reflète la lutte stérile de l'empirisme et du rationalisme, et qui conduit trop souvent les sciences spéciales à ramper sur le sol et la philosophie à se perdre dans les nuages.

S'il est admis qu'un système de philosophie ne peut être, comme toute autre théorie, qu'un ensemble d'hypothèses confirmées, il en résultera des conséquences considérables pour les rapports de la philosophie avec les données traditionnelles, et pour la solution du problème universel qui est l'objet propre de la philosophie.

Le développement de ces diverses considérations trouvera sa place convenable dans une exposition d'ensemble des matières que doit aborder un cours de philosophie. Je continuerai à me placer ici sur le terrain spécial de la logique, et j'examinerai l'influence de la théorie de l'hypothèse sur le développement des sciences particulières, et plus spécialement des sciences physiques et naturelles, qui m'ont fourni la plupart de mes exemples.

Les hommes les plus compétents pour prononcer sur des matières de cet ordre, Humboldt [1], Herschell [2], Liebig [3], sont d'accord pour signaler, à l'aurore du XVIIe siècle, une époque sans pareille dans l'histoire de la science. De grandes hypothèses furent conçues, à un moment où les observations accumulées, par les astronomes surtout, permettaient d'en commencer la vérification. La véritable

1. *Cosmos*, tome II, p. 364 et 365.
2. *Discours sur l'étude de la philosophie naturelle*, partie II, chap. III, en particulier le § 106.
3. *Lord Bacon*, traduction Tchihatchef, p. 3 et 234.

méthode fut employée; mais son emploi fut altéré par l'influence du rationalisme et de l'empirisme. Lorsque la méthode véritable passera définitivement de l'état spontané à l'état réfléchi, et se trouvera ainsi dégagée de l'alliance de tendances fausses, elle exercera une influence heureuse sur la marche de la science, dans la limite où l'action de la méthode se fait sentir.

L'influence exercée par la méthode sur les produits de l'activité de l'esprit varie selon les domaines divers dans lesquels se déploie cette activité. Dans l'ordre de l'industrie, les procédés qui constituent la méthode ont une puissance presque illimitée. Un tisserand médiocre, muni de nos instruments actuels, sera un fabricateur d'étoffes supérieur à un sauvage de génie; et le moindre de nos architectes construira une demeure plus commode que le barbare le plus habile pour la construction. S'agit-il au contraire de l'art? L'influence des procédés sera grande sur sa partie matérielle, qui tombe sous la même loi que l'industrie; mais, quant à l'élément purement esthétique, l'influence de la méthode sera nulle, ou presque nulle, en comparaison de la spontanéité du génie individuel. On convient assez généralement que nos sculpteurs n'ont rien produit de mieux que les statues de l'antiquité grecque, que nos peintres n'ont pas dépassé Raphaël, et que nos édifices modernes n'égalent pas les cathédrales du moyen âge. Cette impuissance des procédés, c'est-à-dire de la méthode, dans le domaine spécialement artistique, a été exprimée par Boileau au début de son *Art poétique* :

C'est en vain qu'au Parnasse un téméraire auteur
Pense de l'art des vers atteindre la hauteur :

S'il ne sent point du ciel l'influence secrète,
Si son astre en naissant ne l'a formé poète,
Dans son génie étroit il est toujours captif,
Pour lui Phébus est sourd et Pégase est rétif.

Lamartine, se dégageant des souvenirs mythologiques de Phébus et de Pégase, exprime la même pensée, en signalant, comme le principe de la poésie,

Le souffle inspirateur qui fait de l'âme humaine
Un instrument mélodieux [1].

La science occupe sous ce rapport une position intermédiaire entre l'industrie et l'art. La méthode y exerce une action plus considérable que dans l'art, et moins considérable que dans l'industrie. Cherchons à bien nous rendre compte de la nature et de la portée de cette action.

2° INFLUENCE DE LA RÉFLEXION PORTÉE SUR LES PRINCIPES DIRECTEURS DES HYPOTHÈSES.

Le génie du savant ne peut avoir la même liberté d'allures que celui de l'artiste, parce qu'il ne s'agit pas de produire un ensemble d'images ou de sons propres à éveiller dans l'âme une émotion déterminée, mais de découvrir un ensemble d'idées qui répondent aux réalités manifestées par l'expérience. Leibnitz dit que « la belle harmonie des vérités, qu'on envisage tout d'un coup dans un système réglé, satisfait l'esprit bien plus que la plus agréable musique [2]. » Un système, en effet, peut être

1. *Le génie dans l'obscurité*, dans les *Harmonies*.
2. *Discours touchant la méthode de la certitude*, édition Erdmann, p. 175.

une œuvre d'art; mais sa beauté n'est pas le gage de sa vérité. La vérité est belle, assurément, et la beauté suprême ne saurait se rencontrer dans le domaine de l'erreur; mais il est dans l'ordre de la pensée une beauté relative, dont notre ignorance nous empêche de sentir le défaut, et qui peut se rencontrer en dehors des conceptions vraies. Il est des systèmes qui offrent, plus ou moins, les caractères de la poésie. L'histoire de la philosophie en renferme de nombreux exemples. S'agit-il de la science vraie? le génie du savant doit être maintenu dans les bornes de la réalité. La réflexion dirigée sur l'objet de chaque science, pour discerner quel doit être le principe directeur des hypothèses, peut rendre de grands services sous ce rapport.

L'objet de la physique est maintenant déterminé : tous les phénomènes, considérés d'une manière objective, se ramènent à des mouvements, dont les lois reposent sur la double base de l'idée de l'inertie et de celle de la constance de la force. Les propriétés psychologiques attribuées à la matière, telles que l'horreur du vide, ou l'amour du repos, sont exclues de la pensée des savants modernes. Reste l'affinité chimique. Voici comment M. Sainte-Claire Deville s'exprime à cet égard dans ses *Leçons sur la dissociation* prononcées devant la Société chimique de Paris en 1866 :

« L'affinité, définie comme la force qui préside aux combinaisons chimiques, a été pendant longtemps et est encore une cause occulte, une sorte d'archée à laquelle on rapporte tous les faits incompris et qu'on considère dès lors comme expliqués, tandis qu'ils ne sont souvent que classés et souvent même mal classés..... Il faut laisser de côté dans nos études toutes ces forces inconnues auxquelles on n'a recours que parce qu'on n'en a pas mesuré les effets. Au contraire, toute notre attention doit être portée sur l'observation et la détermination numérique de ces effets, lesquels sont seuls à notre portée. On établit par ce travail leurs différences et leurs analogies, et une lumière nouvelle résulte de ces comparaisons et de ces mesures.

« Ainsi la chaleur et l'affinité sont constamment en présence dans nos théories chimiques. L'affinité nous échappe entièrement, et nous lui attribuons cependant la combinaison qui serait l'effet de cette cause inconnue. Etudions simplement les circonstances *physiques* qui accompagnent la combinaison, et nous verrons combien de phénomènes mesurables, combien de rapprochements curieux s'offrent à nous à chaque instant. La chaleur détruit, dit-on, l'affinité. Etudions avec persistance la décomposition des corps sous l'influence de la chaleur estimée en quantité ou travail, température ou force vive : nous verrons de suite combien cette étude est fructueuse et indépendante de toute hypothèse, de toute force inconnue, inconnue même au point de vue de l'espèce d'unité à laquelle il faut rapporter sa mesure exacte ou approchée.

« C'est en ce sens surtout que l'affinité, considérée comme force, est une cause occulte, à moins qu'elle ne soit simplement l'expression des qualités de la matière. Dans ce cas, elle servirait simplement à désigner le fait que telles ou telles substances peuvent ou ne peuvent pas se combiner dans telles ou telles circonstances définies [1]. » La tendance de l'auteur est de chercher l'unité des sciences de la matière inorganique, en ramenant aux lois générales du mouvement les mouvements spéciaux qui se manifestent dans le phénomène de l'affinité. La revue intitulée la *Philosophie positive* s'oppose à cette tendance dans un article de M. Naquet [2]. « En chimie comme en physique, dit cet écrivain, tout travail absorbe une certaine quantité de force vive, qui peut être fournie au corps sous forme de chaleur et qui est susceptible d'être restituée sous forme de chaleur lorsque le travail se détruit. Il y aura donc en chimie des phénomènes du même ordre que ceux qu'on observe en physique. Mais il y a en outre une propriété spéciale et inconnue qui pousse les corps à s'unir et à s'unir dans des proportions définies, toujours les mêmes. C'est cette propriété que nous nommons affinité. C'est elle qui fait de la chimie une science distincte de la physique, malgré tous les efforts que l'on pourra tenter pour la faire rentrer dans cette dernière [3]. » Si l'on entend par chimie l'étude de la nature des corps, et par physique l'étude des lois du mouvement, il y aura toujours là deux éléments de science essentiellement distincts, bien qu'intimement unis. La réduction de cette dualité à l'unité, l'affirmation que la science ne connaît plus que des mouvements qui ne se distinguent pas des corps mus,

1. M. Claude Bernard, en citant ce passage dans son *Introduction à l'étude de la médecine expérimentale*, p. 326 à 328, déclare admettre pleinement les pensées qui y sont contenues.

2. M. Renouvier a solidement démontré le désaccord du positivisme et de la véritable méthode scientifique. Voir la *Critique philosophique*, le numéro du 2 août 1877 en particulier.

3. *La philosophie positive*, septembre-octobre, 1867 p. 319.

s'est bien produite chez quelques modernes; mais c'est là une rêverie philosophique éclose dans des esprits enivrés de la théorie de Hegel. La question est de savoir si l'on pourra rendre compte des phénomènes matériels par la considération de la forme et du mouvement, ou s'il faut admettre sous le nom d'affinité une propriété indéterminée et indéterminable. Il serait contraire aux règles de la méthode de résoudre la question *à priori;* mais ce qui est conforme aux règles de la méthode, dans l'état actuel de la science, c'est de diriger les recherches dans le sens de l'unité du monde inorganique, sous réserve que l'on n'affirme jamais que ce qu'on aura réussi à démontrer. Si la physique moderne est dans la bonne voie, les hypothèses faites dans le sens indiqué par M. Deville seront les hypothèses fécondes; les vues de M. Naquet arrêteraient le développement de la science. On voit clairement ici l'influence de la méthode prescrivant de reconnaître le principe directeur des hypothèses et de chercher ce principe directeur, en physique, dans l'objet de la science tel qu'il a été déterminé depuis l'époque de Galilée et Descartes. D'immenses résultats ont déjà été obtenus dans cette voie. La physique des sons, des couleurs, de la chaleur, a été ramenée à des considérations mécaniques; il resterait à ramener aux idées de la forme et du mouvement les phénomènes des odeurs et des saveurs, ce qui n'a point encore été fait, ni même essayé, à ma connaissance.

Si l'état de la physique autorise à chercher l'explication de tous les phénomènes dans les lois générales du mouvement universel et dans la résistance des corps, il n'en est pas de même en biologie. La vie ne se manifeste que dans le monde matériel, dont toutes les lois continuent à exister dans les êtres vivants ; mais, aussi loin que s'étend notre science expérimentale, tout être vivant procède d'ancêtres. La vie nous apparaît ainsi comme un principe et non comme un résultat. Ces considérations déterminent la direction des hypothèses physiologiques. Si l'on veut expliquer les phénomènes par la seule considération de la force vitale, on méconnaît les bases physiques de la vie, et on s'arrête dans une science incomplète et stationnaire. La force vitale a longtemps joué le rôle de cause occulte, au détriment des progrès de la physiologie ; mais veut-on, par l'effet d'une réaction excessive, expliquer tous les phénomènes biologiques par la seule considération des causes physiques? on méconnaît la réalité du principe de la vie, et l'on court grand risque de fabriquer de fausses hypothèses. Ce danger est signalé avec autorité par M. Claude Bernard. Il écrit dans son *Rapport sur les progrès et la marche de la physiologie générale :* « Quand on considère l'évolution complète d'un être vivant, on voit clairement que son organisation est la conséquence d'une loi organogénique qui préexiste d'après une idée préconçue et qui se transmet par tradition organique d'un être à l'autre [1]. » Voilà l'élément spécialement vital auquel il faut faire sa part à côté des phénomènes de l'ordre purement matériel. « La vie ne se conçoit que par le conflit des propriétés physico-chimiques du milieu extérieur et des propriétés vitales de l'organisme réagissant les unes sur les autres. Il faut

1. *Rapport*, p. 125.

nécessairement le concours de ces deux facteurs ; car, si l'on supprime ou si l'on modifie soit le milieu, soit l'organisme, la vie cesse ou s'altère aussitôt. La physiologie générale ne peut être solidement fondée qu'à la condition de reposer sur cette double base. Elle doit considérer à la fois dans l'organisme les propriétés vitales ou physiologiques des tissus vivants et les propriétés physico-chimiques des *milieux* sous l'influence desquels la vitalité des tissus se manifeste. Si le physiologiste, trop exclusivement anatomiste, physicien ou chimiste, ne s'appuie que sur un ordre des connaissances que nous avons signalées, ou seulement s'il lui accorde une trop large part, il fait nécessairement fausse route, et il s'expose à avancer sur les phénomènes de la vie des explications erronées ou incomplètes. Il faudra toujours, en un mot, tenir compte de deux ordres de conditions : 1° des conditions anatomiques de la matière organisée qui donnent la nature ou la forme des phénomènes physiologiques ; 2° des conditions physico-chimiques ambiantes qui déterminent et règlent les manifestations vitales [1]. » L'auteur insiste sur sa remarque, comme nous l'avons vu insister sur la présence de l'hypothèse dans la science, parce qu'il a le sentiment de réagir contre une erreur accréditée : « On a peut-être aujourd'hui de la tendance à exagérer l'importance des phénomènes vitaux d'ordre mécanique et physico-chimique..... Le problème de la physiologie ne consiste pas à rechercher dans

1. *Rapport*, p. 5 et 6. — Ces idées ont été reproduites avec des développements nouveaux dans les *Leçons sur les phénomènes de la vie*. 1 vol. in-8°, 1878, publié après la mort de Claude Bernard.

les êtres vivants les lois physico-chimiques qui leur sont communes avec les corps bruts, mais à s'efforcer de trouver, au contraire, les lois organotrophiques ou vitales qui les caractérisent [1]. » Et ailleurs : « On peut poser en principe que jamais un phénomène chimique ne s'accomplira dans les corps vivants à l'aide des mêmes moyens que dans les corps bruts. C'est pourquoi c'est une mauvaise tendance que de vouloir assimiler les procédés physico-chimiques de l'organisme à ceux de la nature minérale. On pourrait citer bien des exemples pour prouver que cette tendance a conduit à l'erreur [2]. » L'auteur cite plusieurs exemples, en effet, et montre ainsi que l'absence de réflexion sur les principes directeurs des hypothèses biologiques, c'est-à-dire l'oubli d'un des éléments essentiels de la méthode, engendre de fausses conjectures.

Il existe, dans le vaste champ des études biologiques, une question spéciale qui pourra faire, je le crois, de grands progrès, lorsqu'on lui appliquera avec réflexion les principes directeurs de la science en général, c'est-à-dire la recherche de l'harmonie et de la simplicité : je veux parler de la question de l'instinct des animaux. J'entends par instinct, à l'exclusion des phénomènes où paraît intervenir un élément de sensibilité et d'intelligence, le rapport de certaines impressions reçues à certains mouvements. Nous avons ici comme base d'observation immédiate les instincts qui se manifestent chez l'homme, et qui sont si différents des fonctions de l'intelligence et de la volonté

1. *Rapport*, p. 128 et 129.
2. *Rapport*, p. 224.

qu'ils se mettent souvent en lutte ouverte avec la volonté et l'intelligence. Il peut exister des instincts secondaires et acquis ; mais il faut bien qu'il en existe de primitifs, par la raison qu'il en est qui sont essentiels à la vie, et que pour que la vie se modifie il est nécessaire qu'elle existe. Il ne paraîtra pas vraisemblable à un esprit imbu du principe directeur de la science que chacune des espèces animales ait des instincts qui soient autant de faits primitifs, ce qui constituerait une multitude indéfinie de causes spéciales d'activité. Il est plus probable que les instincts résultent de l'action des causes extérieures, cette action générale étant modifiée par la diversité des organismes, de même que les lois générales du mouvement sont diversifiées dans leurs résultats par la diversité des résistances offertes par les agrégats matériels. Il faudrait donc rechercher, avec plus de soin qu'on ne l'a fait encore, les rapports généraux des êtres organisés avec les phénomènes de la couleur, de l'odeur, de la température, de l'électricité, avec toutes les circonstances du sol et de l'atmosphère. En étendant la base d'observation, et en cherchant l'explication rationnelle des faits observés, on trouverait peut-être le moyen de réduire à un petit nombre de rapports généraux la multitude des faits de détail que présentent les phénomènes de l'instinct. N'y aurait-il pas là une riche moisson à recueillir pour un savant qui, en constatant la distinction de la physique et de la biologie, ne cherchera pas à réduire à l'unité ces deux sciences distinctes, mais étudiera les rapports des lois de la vie avec les phénomènes physiques, dans l'harmonie générale de l'univers ?

Une vue juste de la méthode, en appelant la réflexion sur les principes directeurs des hypothèses, peut donc avoir une importance pratique réelle et sérieuse. Ici nous apparaît sous un jour nouveau l'utilité de l'histoire de la science. L'histoire de la science, nous l'avons vu, peut mettre au jour des hypothèses justes qui demeurent enfouies dans les écrits de nos devanciers, parce qu'elles ont été conçues avant l'époque où elles pouvaient être vérifiées. Cette histoire peut être utile encore en généralisant la connaissance de la manière dont les découvertes ont été accomplies et en familiarisant la pensée avec les principes qui ont dirigé les fondateurs. Elle devrait donc avoir sa place dans l'enseignement ; et le temps que la jeunesse consacrerait à son étude serait loin d'être du temps perdu. Avoir vécu en communauté d'idées avec Kopernik, Képler, Newton, Leibnitz, Galilée, Linné, Cuvier, est un fait plus important pour la culture générale de l'esprit que d'avoir étudié une multitude de détails dont il est toujours facile d'acquérir la connaissance lorsqu'on en éprouve le besoin.

3° DESTRUCTION DU RATIONALISME ET DE L'EMPIRISME

Herschell, dans son *Discours sur l'étude de la philosophie naturelle*, fait remarquer la différence qui existe entre les vérités nécessaires des sciences mathématiques et les vérités toujours contingentes des sciences de fait, et il ajoute : « Cette distinction est très importante [1]. » La distinction résulte de la différence des deux

1. Deuxième partie, chap. I, § 66.

modes de vérification des hypothèses. L'un, celui des sciences mathématiques, nous met en possession de vérités immédiatement et absolument démontrées, mais qui ne renferment aucune connaissance des réalités objectives; l'autre nous fournit des vérités contingentes qui ne peuvent jamais revêtir pour notre pensée le caractère de la nécessité, lors même qu'elles sont logiquement déduites de vérités antérieures, parce que l'état primitif des choses, quel qu'il soit, qui sert de base à la déduction, nous apparaît toujours comme contingent. Cette considération est très importante, comme le dit Herschell; elle a une influence considérable sur la conception des bases de la science humaine, parce qu'elle détruit d'une part le rationalisme et de l'autre l'empirisme, ce qui préserve la pensée de deux graves écueils.

Les principes purs de l'intelligence ne renfermant aucun des éléments de la réalité objective, il est manifeste que le rationalisme attribue à tort la qualité de vérités *à priori* à des affirmations qui ne sont réellement que des hypothèses. La nécessité de la vérification expérimentale, pour toute théorie qui concerne les faits, met en pleine lumière l'erreur de la méthode de construction. Il est temps de renoncer définitivement à la prétention de connaître l'univers par des procédés purement rationnels. En présence des tentatives de cet ordre, il faut se rappeler la pensée de Bacon, qui compare justement les systèmes établis de la sorte à des toiles d'araignée qui peuvent être admirables de finesse, mais qui n'ont aucune solidité. Les écarts de cette nature sont peu à redouter aujourd'hui. L'esprit systématique est loin d'avoir disparu ; mais, comme je l'ai déjà remarqué, il ne se manifeste, de nos jours, avec une certaine puissance, que masqué sous les dehors de la méthode expérimentale. Ce sont les erreurs de l'empirisme qui réclament surtout notre attention, car c'est sur cet écueil-là que la science contemporaine risque constamment d'échouer.

La vue nette de la méthode est nécessaire ici pour prévenir des égarements graves. Les savants qui professent l'empirisme font nécessairement des hypothèses, dès le moment où ils affirment une théorie quelconque; mais, comme ils méconnaissent la place de cet élément de la science, ils sont enclins à prendre leurs hypothèses pour de simples inductions, ce qui les égare. Considérons par exemple la question de l'état intérieur du globe. Lorsqu'on creuse le sol à une certaine profondeur, on constate que la chaleur croît d'un degré par 33 mètres environ. En appliquant l'induction à ce fait observé, quelques auteurs arrivent à l'idée qu'il doit exister au centre de la terre une chaleur d'environ 200 000 degrés. On trouve cette affirmation énoncée, le plus souvent avec des réserves de prudence, dans plusieurs traités de géologie. Il est évident que la question posée est fort complexe, et que l'induction simple ne lui est point applicable. Si, au lieu d'induire simplement, on avait bien compris qu'une affirmation sur la chaleur centrale du globe ne peut être qu'une hypothèse, on aurait compris la nécessité d'en déduire les conséquences et de les examiner. L'esprit engagé dans cette voie aurait facilement reconnu que, dès que l'on serait arrivé à un degré de chaleur capable de tenir la matière en fusion, la progression ne se serait pas maintenue, en vertu des lois qui président à la distribution de la chaleur dans les liquides. De plus, en calculant la puissance dynamique d'une chaleur telle qu'on la suppose, on aurait vu que l'écorce de la terre serait brisée, et on aurait ainsi épargné à plusieurs traités de géologie une tache qui les dépare. On ne dirait pas avec M. Beudant : « Nous ne savons pas encore si la loi se continue régulièrement[1]; » mais : « Nous savons que la loi ne peut pas se continuer régulièrement. »

Non seulement l'empirisme prend des hypothèses pour des inductions, par une erreur analogue et contraire à celle du rationalisme qui prend les hypothèses pour des déductions, mais il arrive aux savants engagés dans cette voie de considérer des hypothèses, et même des hypothèses très aventureuses, comme étant l'expression immédiate des faits. Prenons pour exemple la question de l'état primitif de l'humanité. Quelles sont les données de l'observation que l'on peut invoquer pour la solution de ce difficile problème? Il existe à la surface du globe des populations qui forment une sorte d'échelle, au point de vue de leur degré de culture, depuis le sauvage le plus ignorant et le plus cruel jusqu'aux nations les plus policées; voilà le fait. Ce fait est susceptible de deux interprétations : les sauvages placés au plus bas de l'échelle sont des hommes en état de déchéance, c'est la première hypothèse; ou bien ils représentent l'état primitif de l'humanité, c'est la seconde hypothèse. L'idée du progrès semble favorable à la seconde supposition et conduit à prendre l'homme placé au plus bas degré de l'échelle

1. *Cours élémentaire de géologie* § 5.

pour le type de l'homme primitif. D'autre part, l'histoire ne permet pas de considérer le progrès dans l'espèce humaine comme une loi absolue. Les exemples de déchéance sont nombreux. On ne peut pas enfin conclure absolument de l'ordre matériel à l'ordre intellectuel et moral. Lorsqu'on retrouve, en fouillant le sol, ou en descendant au fond des lacs, des ustensiles et des armes analogues à ceux des sauvages actuels, on n'a pas le droit d'en conclure que les populations qui en ont fait usage fussent, au point de vue intellectuel et moral, dans les conditions des populations les plus abruties de notre époque. Ces rapides indications suffisent à montrer que la question est complexe, et que le choix entre les deux hypothèses en présence ne saurait être l'affaire d'un instant. Tel savant, toutefois, veut nous contraindre à prendre la plus abrutie des races humaines pour le type de l'humanité primitive; et, comme l'observe M. Renouvier, on se fonde pour cela « sur de vagues renseignements archéologiques et géographiques, sur des comparaisons dont les points essentiels restent obscurs et sur des raisonnements imparfaits à prémisses fuyantes [1]. » Je n'entends point ici résoudre la question posée, ni même l'aborder pour le fond; voici seulement ce que je veux observer : Dans un écrit relatif aux origines de l'espèce humaine, j'ai vu l'auteur affirmer que les partisans de la sauvagerie primitive opposent des faits à de simples *opinions*. C'est méconnaître absolument les règles de la méthode. On constate une échelle de civilisation dans l'humanité actuelle, et on croit avoir par là même constaté que l'éta

1. *La Critique philosophique* du 3 décembre 1874, p. 280.

le plus bas est l'état primitif, ce qui est la question. On méconnaît ainsi le caractère hypothétique des affirmations que l'on formule, et pour lesquelles on se contente de preuves essentiellement insuffisantes, parce que l'on croit au fond, par une illusion étrange, n'avoir rien à prouver.

L'empirisme peut conduire à une erreur plus grave encore, en faisant considérer des hypothèses explicatives plus ou moins confirmées comme étant des lois nécessaires, la manifestation de la nature même des choses. C'est ainsi que M. Moleschott écrit : « Les lois de la nature sont l'expression la plus rigoureuse de la nécessité [1]. » Faire, des lois nécessaires, des formules qui rendent compte d'un ordre de phénomènes, c'est unir, dans un hymen étrange, l'empirisme et le rationalisme; car quelle est l'expérience dont l'idée de la nécessité puisse être le résultat? Cette confusion d'idées, qui résulte directement de l'absence d'une vue claire de la méthode, a des inconvénients sérieux pour la science. La théorie de la gravitation va nous offrir sous ce rapport un exemple instructif.

La loi de la gravitation, telle que Newton l'a formulée, est une hypothèse confirmée; et les hypothèses valablement confirmées perdent leur nom, pour prendre le nom de lois, comme une jeune fille perd son nom le jour de son mariage. Mais qu'est-ce qui est confirmé ici? D'après toutes nos observations, la loi de Newton explique le mouvement des astres avec une précision mathématique; nous n'en savons pas davantage. Cette loi, valable pour le mouvement des masses, s'applique-t-elle aux mouve-

1. *La circulation de la vie*, première lettre, tome I, p. 6.

ments moléculaires? Cela, dans tous les cas, n'est point démontré. « On ne sait ce que devient l'attraction entre les molécules voisines, ni si elle est encore proportionnelle aux masses, ni si elle varie avec l'espèce particulière de matière, ni si elle s'exerce en raison inverse des carrés des distances [1]. » On sait bien moins encore, et il est douteux qu'on puisse le savoir jamais, si la loi de la gravitation s'applique aux particules de l'éther. Nous avons donc affaire à une grande hypothèse vérifiée pour un ordre spécial de phénomènes, et non pas à une propriété que nous ayons le droit de considérer comme appartenant à la matière, et à toute matière. Cette distinction essentielle, qui résulte immédiatement d'une vue juste de la méthode, a été méconnue, comme nous allons le voir.

Personne sans doute n'a le droit d'affirmer que la gravitation des masses ne soit pas une manifestation première de la nature des choses; il faudra bien toujours que la pensée s'arrête à un état primitif au delà duquel elle ne pourra concevoir que la cause absolue; et toute la chaîne des explications repose inévitablement en dernier lieu sur un point de départ qui n'est pas expliqué. Mais un esprit formé par la discipline de la science moderne aura de la peine à admettre le caractère primitif de la gravitation, parce qu'il s'agirait d'un mode de communication du mouvement qui ne se relie pas à l'idée fondamentale que nous avons des corps. Condillac a dit, et on l'a répété après lui, que l'impulsion n'est pas plus intelligible que l'attraction [2]. Il a tort. En effet, l'attrac-

1. Jamin, *Cours de physique de l'École polytechnique*, tome I, p. 129.
2. *Traité des systèmes*, chap. XII.

tion conçue comme un élément primitif de l'univers ne pourrait être qu'un fait inintelligible en lui-même, comme tout fait primitif, tandis que la communication du mouvement par voie d'impulsion dérive immédiatement de la conception même des corps, dont l'essence est d'occuper une portion de l'étendue. C'est pourquoi Cuvier disait, avec raison, dans l'*Histoire du progrès des sciences naturelles*, que « les lois du choc constituent seules en physique de véritables explications [1] ». L'effort incessant de la science a pour but d'étendre autant qu'il est possible les limites de l'intelligible; c'est pourquoi un esprit vraiment scientifique, sans nier que l'attraction ne puisse être un phénomène primitif, se demandera toujours s'il n'est pas possible de ramener les phénomènes de la gravitation à des phénomènes antérieurs d'impulsion. Newton paraît avoir, un moment au moins, admis comme possible l'idée que la pesanteur pourrait être une manifestation immédiate de l'action créatrice [2], mais ce n'est point là sa pensée habituelle. On lit à la fin de son livre des *Principes :* « J'ai expliqué les phénomènes célestes et ceux de la mer par la force de la gravitation, mais je n'ai assigné nulle part la cause de cette gravitation...... Je n'ai pu encore parvenir à déduire des phénomènes la raison de ces propriétés de la gravité, et je n'imagine point d'hypothèses [3]. » Il termine la huitième des définitions placées

1. Cité dans Saigey, *La physique moderne*, Conclusion.
2. « Newton est encore indéterminé entre ces deux sentiments : le premier que la cause de la pesanteur soit inhérente dans la matière par une loi immédiate du Créateur de l'univers, et l'autre que la pesanteur soit produite par une cause mécanique. » (Lettre de Fatio de Duillier, écrite de Londres le 30 mars 1694, et contenue dans les *Œuvres de Leibniz*, édition Dutens, tome III, p. 658 à 660.)
3. Scholie général.

en tête de son ouvrage par cette remarque : « Au reste, je prends ici dans le même sens les attractions et les impulsions accélératrices et motrices, et je me sers indifféremment des mots d'*impulsion*, d'*attraction* ou de propension quelconque vers un centre : car je considère ces forces mathématiquement et non physiquement ; ainsi le lecteur doit bien se garder de croire que j'aie voulu désigner par ces mots une espèce d'action, de cause ou de raison physiques ; et lorsque je dis que les centres attirent, lorsque je parle de leurs forces, il ne doit pas penser que j'aie voulu attribuer aucune force réelle à ces centres, que je considère comme des points mathématiques. » Il écrit à la fin de la troisième des *Règles qu'il faut suivre dans l'étude de la physique :* « Je n'affirme point que la gravité soit essentielle aux corps [1]. » Il écrit, dans la trente-unième des questions placées à la fin de son *Optique :* « Je n'examine point quelle peut être la cause de ces attractions ; ce que j'appelle ici attraction peut être produit par impulsion ou par d'autres moyens qui me sont inconnus. » Pendant toute la dernière période de sa vie, il fut préoccupé de l'idée de ramener le phénomène de l'attraction à des phénomènes d'impulsion. Dans la dix-huitième question, à la fin de son *Optique*, il parle d'un milieu éthéré « excessivement plus rare et plus subtil que l'air, et excessivement plus élastique et plus actif » ; et, dans la question vingt-unième, il fait entrevoir l'explication de la gravité par l'influence des divers degrés de densité relative de ce

1. *Principes mathématiques de la philosophie naturelle*, livre III, au commencement.

milieu éthéré. Il s'adresse enfin à son lecteur dans l'avertissement de la seconde édition de son *Optique* dans les termes que voici : « Pour faire voir que je ne regarde point la pesanteur comme une propriété essentielle des corps, j'ai ajouté une question en particulier sur la *cause de la pesanteur*, ayant proposé tout exprès en forme de question ce que je voulais dire là-dessus, parce que je n'ai pas pu me satisfaire encore sur cet article, faute d'expériences. » Voilà certes un grand luxe de précautions prises pour prévenir l'erreur qui consiste à conclure de ce que la gravitation est une hypothèse justifiée à l'affirmation qu'elle est une loi primitive et nécessaire, en vertu de laquelle les corps exercent les uns sur les autres une action à distance. Newton revient sur le même sujet, avec une certaine vivacité, dans sa lettre au docteur Bentley, où figure le passage suivant : « Il est insoutenable que la nature inerte puisse exercer une action autrement que par le contact. Que la pesanteur soit une qualité innée, inhérente, essentielle aux corps, qui leur permette d'agir les uns sur les autres au loin, à travers le vide, sans qu'un intermédiaire quelconque serve à la transmission de cette force, cela me paraît d'une absurdité si énorme, qu'elle ne saurait, à mon sens, être admise par personne capable de réflexion philosophique sérieuse [1]. » Toutes ces précautions furent inutiles. Dès 1713, et dans la préface même d'une édition des *Principes,* Roger Côtes présente la pesanteur comme une propriété primitive de tous les corps. Cette idée a été placée sous le patronage de Newton, et a été si répandue

1. Cité par Rambosson, *Histoire des astres*, chap. VII, § 7.

que Liebig l'a signalée comme l'idée généralement admise aujourd'hui [1]. Les derniers cartésiens, Fontenelle, Mairan, s'efforcèrent inutilement de maintenir la question sur le terrain où Newton l'avait placée [2]; la direction empirique de la pensée triompha et amena les newtoniens à méconnaître absolument la pensée de leur maître. On ne doit pas oublier toutefois la réalité et la persistance des efforts qui se sont produits, depuis l'époque où Le Sage émettait l'hypothèse des corpuscules ultramondains [3] jusqu'à nos jours, pour assigner une cause physique à la gravitation. C'est la voie dans laquelle était visiblement engagée la pensée de Faraday lorsqu'il « se sentait vivement pressé de continuer ses recherches, encouragé par l'espoir de découvrir le lien qui rattache le magnétisme à la pesanteur [4]. »

Voilà deux tendances contraires et bien caractérisées : L'une porte l'esprit à s'arrêter à la loi de Newton, comme à une loi primitive de l'univers. L'autre conduit la pensée à la recherche d'un antécédent physique de l'attraction. Voyons bien la portée du problème. En ce qui concerne la science acquise, aucun intérêt n'est engagé dans le débat : que la gravitation soit un fait primitif ou un résultat, cela ne change rien aux calculs de la mécanique céleste. Mais la manière dont on envisage le sujet exerce une action sur la recherche, c'est-à-dire sur l'avenir de la

1. *Le développement des idées dans les sciences naturelles*, p. 42.
2. Bouillier, *Histoire de la philosophie cartésienne*, t. II, chap. XXIV.
3. Dans ses *Propositions sur la cause de l'élasticité des fluides et des solides* (Genève, 1795), Jean Picot a résumé la théorie des corpuscules ultramondains. — Voir, pour plus de développements, la *Notice de la vie et des écrits de Le Sage*, par Pierre Prévost. Genève, 1805.
4. *Faraday inventeur*, par John Tyndall, p. 85.

science. Le cas est le même que pour les vues divergentes de M. Sainte-Claire Deville et de M. Naquet sur l'affinité. Il est théoriquement possible que la science puisse remonter au delà de la loi de Newton, bien qu'on n'ait pas encore réussi à le faire. L'idée que la pesanteur est inhérente à la matière arrêterait les recherches et risquerait donc de nuire aux progrès de l'esprit humain. C'est ce qui arriverait inévitablement si l'empirisme triomphait d'une manière définitive. Le monde savant admettrait, avec Auguste Comte, que toute tentative pour remonter au delà du fait de la pesanteur serait « profondément illusoire aussi bien que parfaitement oiseuse [1] ». L'erreur est grave, puisqu'elle arrêterait la science sur la voie d'un progrès considérable qui est certainement possible. D'où vient l'erreur ? De ce que l'on prend une hypothèse explicative pour une loi absolue, loi que l'on transforme en une propriété essentielle et primitive des corps. Une vue juste de la méthode coupe le mal par sa racine et laisse la voie librement ouverte aux recherches. La gravitation est-elle un fait primitif ou un résultat ? Ce sont deux hypothèses à examiner.

D'une manière générale, la connaissance de la méthode détruit l'esprit systématique et forme la pensée au respect de la réalité, puisque l'expérience pose les problèmes et demeure le seul contrôle valable de leur solution. L'esprit systématique s'alimente à deux sources : le rationalisme et l'empirisme, parce qu'on croit avoir, ou dans la raison, ou dans l'expérience, le moyen de parvenir aux lois nécessaires des choses. Or une vue saine de la méthode

1. *Cours de philosophie positive*, tome II, p. 246.

fait comprendre que, pour la science des faits, nous sommes en présence de lois qui peuvent être certaines, mais jamais nécessaires, et le plus souvent en présence d'hypothèses probables arrivées à des degrés divers de confirmation.

La recrudescence de l'esprit systématique, caché sous le manteau de la méthode expérimentale, est un fait assez apparent pour attirer l'attention des observateurs. « Nous sommes confondus d'étonnement, dit M. Renouvier, toutes les fois que nous observons dans cette école prétendue de l'expérience, non seulement le penchant aux anticipations, qui se comprendrait encore s'il s'agissait d'une hypothèse claire et simple à poser et à vérifier, mais la facilité aux suppositions accumulées, formelles ou latentes, le relâchement d'un raisonnement (on ne sait souvent s'il faut dire inductif ou déductif) dont l'auteur ne prend seulement pas la peine de tirer au clair les prémisses et postulats, et de dégager l'argument topique. Si c'est cela qu'on appelle une application de la méthode expérimentale, il faut avouer qu'on est en train de fonder une religion qui ne redevra rien, quant au parti pris de *croire*, à l'ancienne foi, que les théologiens soutenaient aussi être démontrée par les faits et l'histoire [1]. »

Il est donc convenable, dans la disposition actuelle des esprits, de rappeler quelle est la véritable nature de la science, de ne pas laisser prendre de simples conjectures pour des axiomes, et de bien constater la nécessité de l'hypothèse et sa présence continuelle dans toutes les opérations de la pensée scientifique. Ce n'est pas encou-

1. *La critique philosophique* du 3 décembre 1874, p. 274.

rager l'abus des conjectures et pousser à la formation des systèmes aventureux; c'est au contraire recommander la prudence. Le vrai danger est de faire des hypothèses sans le savoir et de les prendre pour des données immédiatement certaines. Pour que la science marche d'un pas sûr, il faut que la pensée du savant réunisse deux dispositions : la confiance et la défiance, dispositions qui ne se contredisent pas parce qu'elles portent sur des objets différents. La recherche de l'harmonie universelle et de l'unité qui en est le principe est l'instinct fondamental de la raison, auquel on ne saurait jamais trop s'abandonner. Si on laissait ébranler ce principe par les atteintes du doute, le grand ressort de l'esprit humain serait brisé. Mais comment se réalise l'harmonie des choses? quelles sont dans l'univers les véritables classes, les vraies lois, les causes réelles? C'est ici que la défiance est nécessaire. Toutes les déterminations de cette nature sont des suppositions de la pensée individuelle, dont la valeur se mesure exactement au degré d'explication des phénomènes qu'elles nous fournissent. Il faut éviter, avec une attention scrupuleuse, de prendre les systèmes, même les plus séduisants, pour l'expression complète de la réalité. Ne doutant pas des principes directeurs de la pensée, et soumettant toujours l'hypothèse au contrôle de l'observation, la science est dans la bonne voie. Elle réunit alors, dans une juste mesure, la confiance qui fait sa force et la modestie qui fait sa sûreté.

FIN

TABLE DES MATIÈRES

TROISIÈME PARTIE

PRINCIPES DIRECTEURS DES HYPOTHÈSES

QUESTIONS ET RÉPONSES

COULOMMIERS. — Typ. PAUL BRODARD.

Printed in Dunstable, United Kingdom

91219509R00178